中国温室热环境特征及气候区划

主　编：张亚红　　齐玉春
副主编：杨晓光　　宋俊果　　傅　理
顾　问：陈端生　　陈青云

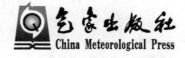
气象出版社
China Meteorological Press

内 容 简 介

本书围绕我国连栋温室的能耗分布及自然气候特点,利用综合因子和主导指标原则,对连栋温室进行气候区划;通过我国东部淮河以北日光温室的发展条件和气候特点,利用综合因子原则对日光温室进行气候风险区划。本书分为三大部分,第一部分介绍我国温室的发展、研究现状以及研究内容和方法。第二部分通过确定我国连栋温室的采暖期,计算了我国连栋温室的能耗,并结合各地气候条件,对连栋温室进行气候区划。第三部分从机理上阐述了日光温室土壤、空气热环境特征和湿度环境特点;介绍了日光温室特殊光环境条件的群体结构特征;最后对我国东部淮河以北节能日光温室进行理论区划。

本书目的是为充分合理利用各地气候资源,因地制宜地制定连栋温室和日光温室生产的发展规划,布局设施栽培、设施种植制度提供合理化建议。为连栋温室能耗的大小、运行方式及气候灾害的风险规避提供方向性意见。书中附录还提供了全国 202 个站点连栋温室的室外设计温度、采暖期及采暖能耗供温室设计、投资者参考。

图书在版编目(CIP)数据

中国温室热环境特征及气候区划 / 张亚红,齐玉春主编. — 北京 :气象出版社,2018.9
　　ISBN 978-7-5029-6234-0

　　Ⅰ.①中…　Ⅱ.①张…　②齐…　Ⅲ.①温室-热环境-特征-中国②温室-气候区划-中国　Ⅳ.①S625

中国版本图书馆 CIP 数据核字(2018)第 213149 号

出版发行:气象出版社

地　　址:北京市海淀区中关村南大街 46 号　　　　邮政编码:100081
电　　话:010-68407112(总编室)　010-68408042(发行部)
网　　址:http://www.qxcbs.com　　　　E-mail:qxcbs@cma.gov.cn
责任编辑:马　可　张　斌　　　　　　　　　终　审:吴晓鹏
责任校对:王丽梅　　　　　　　　　　　　　　责任技编:赵相宁
封面设计:博雅思企划
印　　刷:北京中石油彩色印刷有限责任公司
开　　本:787 mm×1092 mm　1/16　　　　　　印　张:11
字　　数:282 千字
版　　次:2018 年 9 月第 1 版　　　　　　　　印　次:2018 年 9 月第 1 次印刷
定　　价:60.00 元

前　言

设施园艺是一种地域性很强的农业生产形式,发达国家把设施园艺生产中的节能放在重要位置,既要注意节约寒冷季节加温保温的能耗,也要注意高温季节降温降湿的能耗。我国幅员辽阔,无论气候特点、经济特点、市场消费与需求特点都千差万别,所以设施园艺的发展要充分考虑自然条件是否适宜,同时也要考虑节能效果。

本书围绕我国连栋温室的能耗分布及自然气候特点,利用综合因子和主导指标原则,对连栋温室进行气候区划;从机理上阐述了日光温室土壤、空气热环境及湿度环境特征,并通过我国东部淮河以北日光温室的发展条件和气候特点,利用综合因子原则对日光温室进行气候风险区划。本书分为三大部分,第一部分介绍我国温室的发展、研究现状以及研究内容和方法。第二部分通过确定我国连栋温室的采暖期,计算了我国连栋温室的能耗,并结合各地气候条件,对连栋温室进行气候区划。第三部分从机理上阐述了日光温室土壤、空气热环境特征和湿度环境特点;最后对我国东部淮河以北节能日光温室进行理论区划。

本书目的是为充分合理利用各地气候资源,因地制宜地制定连栋温室和日光温室生产的发展规划,布局设施栽培、设施种植制度提供合理化建议。为连栋温室能耗的大小、运行方式及气候灾害的风险规避提供方向性意见。书中附录还提供了全国 202 个站点连栋温室的室外设计温度、采暖期及采暖能耗,供温室设计、投资者参考。

本书第一章由傅理编写,第二章、第三章、第四章、第七章由张亚红编写,第五章由杨晓光编写,第六章由宋俊果编写,第八章由齐玉春编写。本书由张亚红和博士研究生傅理负责汇总和定稿。中国农业大学博士生导师陈端生教授、陈青云教授在研究工作中给予了精心指导和帮助,以及为本书编写提出了宝贵意见和建议,在此表示最诚挚的谢意。同时,也非常感谢书中被引文献的作者、单位和未被逐一标注的文献作者和单位。

虽然编写组进行了认真加工和修改,不足之处仍不可避免,诚望读者批评和指正。

《中国温室热环境特征及气候区划》编写组

2018 年 8 月

目　　录

第一章　绪　论

第一节　背景和意义

　　设施农业作为农业生产中的高级生产方式,是人类利用自然条件,创造性地开展高效农业生产的重要手段,已成为现代农业生产的重要组成部分,应用范围日益广泛,作用发挥日益凸显,已成为继大田生产后反季节生产果蔬的重要产业群,随着互联网＋技术的推广,设施农业生产也正努力加快发展步伐,在经济建设和区域供给方面的作用已是今非昔比。我国地域广阔,光热资源分布随经纬变化差异很大,而光热资源又是决定设施农业生产选址、产投比例、经济效益的核心要素,使得设施农业生产具有很强的地域性。设施农业生产过程中,不论是设施农业的基础设施建设还是作物生产以及生产成本、农产品品质、生产能力、食用安全、经济效益等均与气象条件息息相关,密不可分。因此,系统、科学、多角度地研究设施农业及其与气候条件之间的关系十分必要、意义非凡。

　　根据农业经济学家的研究,随着"一带一路"对外开放的不断推进和交通运输业的飞速发展,在学习设施农业发达国家的先进技术和经验的基础上,以及近年来我国设施农业生产和研究的继续深入,我国设施农业产品在国际农产品市场上成为最具价格竞争优势的农产品。我国的设施农业历史悠久,新中国成立以后,特别是改革开放以来,发展迅猛,迄今为止园艺设施面积已超过 $210×10^4 hm^2$,位居世界之首,其中大型现代化温室已超过 $1000 hm^2$,而且每年还以 $150～200 hm^2$ 的速度发展,目前我国已成为世界设施农作物栽培第一大国。

　　但是与国外先进水平相比,我国设施农业在科技含量和技术水平上还存在着较大差距。我国国产连栋温室在设计和施工上基本是直接引用或仿制荷兰、以色列、南欧等国的玻璃温室;占我国温室总面积95％以上的日光温室和塑料大棚因其结构简陋、管理粗放、环境调控能力弱、产投比较大,尚不能满足周年生长的需要和产业化生产的需要。但我国是一个大陆性、季风性气候特征很强的国家,北方冬寒夏热,1月份各地平均气温较全球同纬度地区低,且纬度越高温度偏低值越大;相反,7月份气温又比同纬度其他地区高,随纬度越高,偏高幅度越大。不论是冷季的增温还是暖季的降温排湿,都需要通过消耗矿物原料来维持,能耗比欧洲、以色列、日本等设施农业发达国家的高许多。照搬国外温室结构建设标准,冬季能耗大,成本投入高,夏季降温排湿换气不足,严重影响到作物的健康生长和经济效益。要想更好地发展我国设施农业,就要系统科学地研究我国气候区划和立地条件下的温室气候特征,因地制宜地发展设施农业,设计和建设与当地气候相适应的温室,并采取行之有效的管理措施,一方面可以提高温室作物的生产潜力,降低投入比重,增加经济效益,增强抵御市场风险能力,另一方面可以为温室结构设计优化、环境调控技术改进和标准化操作提供科学依据,而且还会根据设施农业生产需求,不断有针对地提升现代农业气象服务水平。

第二节　研究现状

温室热环境特征方面研究概况：大量研究结果表明，温室所在区位、结构类型、作物种类、管理措施等因素均直接或间接地影响到温室内热环境特征。自 20 世纪 80 年代以来，以荷兰为首的欧美设施农业发达国家开始研究大气候—设施结构—设施作物—温室小气候之间的关系。建立基于此关系的作物生长模型和温室小气候模拟模型，以及温室环境调控能耗预测系统。荷兰已于 20 世纪 90 年代中后期率先研制出了基于温室小气候模拟模型和番茄作物生长模型的温室环境优化控制模拟系统（KASPRO），该系统主要针对本国的 Venlo 型温室及其他高端配置的设施。但由于该系统所用作物生长参数及小气候因子过于复杂和参数众多，且不能直接应用到其他类型温室生产中，在温室生产中未能得到很好应用。

一、温室作物生长及能耗预测模拟方面研究概况

我国在温室作物生长模型和温室能耗预测模型方面的研究起步较迟，起步阶段大约在 20 世纪 90 年代末，截至目前，针对温室能耗的研究报道总量较少。吴静怡等（2001）根据室内外环境温度、太阳辐射、室外风速等因素粗略估算了温室的能耗需求，但没有考虑到温室内作物蒸腾对温室能耗需求的影响；2001 年以来，南京农业大学开展了中国亚热带地区温室环境作物模拟方面的研究，建立了现代温室小气候模型和基于小气候模型下的温室能耗预测系统；江小昱等（2006）开展了南方现代温室能耗预测模型的建立和分析，区域性较强；戴剑锋等（2006）进行了基于小气候模型的温室能耗预测系统研究，缺乏对全国范围内大气候的研究；柴立龙等（2010）在北京地区一栋日光温室中采用地下水式地源热泵系统进行了供暖试验研究，结果显示地源热泵供暖的运行费用略高于燃煤热水供暖，但低于天然气供暖和燃油热风供暖；姚益平等（2011）开展了基于光热资源的中国温室气候区划，构建了能耗估算系统。他将温室气候区划系统与温室作物周年生产能耗预测模型相结合，建立基于光热资源的中国温室气候区划与能耗估算计算机系统，利用中国 621 个标准气象站 30 年（1971—2000 年）的逐日气象资料，对系统进行应用实例分析。结果显示决定温室作物生产经济效益的主要因子是适宜温室作物生产时期的太阳总辐射量；吴文丽（2014）开展了中国不同类型温室生态系统能耗现状及节能潜力情景分析，以中国 3 种典型温室（竹木土墙日光温室、塑料大棚和塑料连栋温室）作物生态系统为研究对象，运用生命周期评价法，使用国际上通用的能量当量模型，结合温室环境调控能耗预测模型，定量估算中国不同类型温室生态系统能源使用现状，确定影响能源使用的关键要素，但在研究中主要采用通用模型估算推演，忽略了生产中其他环境因子的交互影响；范颖超（2014）分析了温室内覆盖层、室内空气层、作物冠层及地表平衡的热量平衡，并将太阳能利用和辐射换热的相关理论引入温室辐射换热的研究，并利用动态模拟的方法，对温室内的微气候进行了连续模拟分析，侧重于覆膜的透光性和保温性研究，缺少对保温墙体热平衡的系统研究；张旭（2015）借助计算机技术将流体力学方法应用于温室内环境小型气候研究，探索温室智能精准管理，科学化降低温室生产能耗；赵江武（2016）开展了温室能耗与作物产量预测研究及Android 监测系统设计，侧重于系统研发，生产实践研究相对较少；陈教科（2016）围绕基于模型优化预测与流场分析的温室能耗控制方法进行了系统研究，重点进行了温室能耗建模、降温与加温条件下的温室内计算流体（CFD）建模、基于流场分析的温室环境优化设计、基于 CFD

流场与能耗预测模型(EPM)的温室能耗控制等方面的研究。

二、国内外温室气候区划研究概况

与温室能耗预测模拟分析问题相比,温室气候区划研究起步稍早,自 20 世纪 80 年代以来,我国众多学者致力于温室气候区划方面的研究。陈端生等学者(陈端生,1984;陈端生 等,1985)利用室外日平均温度≤5 ℃期间低于 5 ℃的负积温得到了计算冬季耗煤量的计算公式,进而对我国加温温室蔬菜生产合理布局进行探讨;张纪增(1991)将我国北纬 32°～45°从南到北划分为四个不同层次的蔬菜日光温室栽培区;齐玉春(1998)对我国东部淮河以北地区节能型日光温室蔬菜生产的气候进行了分区,这是首次用多元统计的方法进行温室发展的理论区划研究;徐师华(2000)利用最冷气温将我国设施园艺发展区分为北方和南方两大区,北方分为冬寒区和冬冷区,南方分为冬温区和冬暖区;张亚红等(2006)从农业气象学角度系统分析了中国温室气候特点并进行了科学区域划分;姚益平(2010)进行了基于能耗与作物潜在产量的温室气候区划。选择的全国 600 多个基本气象站 30 年的气象数据,主要利用果菜作物生长相关模型建立气候区划业务软件模型,但系统模拟过程中参数要素很多,实际操作复杂,且缺乏对生产实践各要素的动态调控;张明洁等(2013)介绍了北方地区日光温室气候适宜性区划方法,从光、温、风、雪 4 个方面选取了冬季总辐射、日光温室生产季阴天日数、年极端最低气温、冬季平均气温、生产季月最大风速平均值、年最大积雪深度平均值 6 个因子作为气候适宜性区划指标,采用加权指数求和的评价方法建立综合气候适宜性区划指标模型,并借助 GIS 技术,得到北方地区日光温室发展的气候适宜性区划图;张玉鑫等(2013)运用综合因子法和主导指标法相结合的原则对甘肃省日光温室蔬菜生产进行了气候区划,通过分区评述各级区的气候特点,指出在该区内发展温室生产的气候资源优势和不利气象条件,提出各区的温室发展方向;胡德奎等(2017)综述了确定日光温室气候区划指标的方法,评述了 GIS 技术在日光温室气候区划中的优势和应用情况,提出在区划中考虑叠加其他自然环境因素和社会因子,增强日光温室气候区划的实用性,推动农业气象大数据对设施农业的支持。

从世界范围看,发达国家也注意温室生产和本国气候相适应:荷兰温室主要集中在西部沿海地区,这一地带冬暖夏凉,四季温和,温室环境调控耗能少,注重节约能源并充分利用自然资源,能耗只占运行成本的 10%～15%。与荷兰相比较,日本最大的特点是塑料温室面积占温室总面积的 95.6%,因其山地多,雪多,台风多,温室主要分布在北纬 36°以南、太平洋一侧的温暖地带;北纬 40°以北的地区,由于冬季严寒,燃料费用高,日本政府采取不予补贴的措施,限制这些地区发展加温温室。同时日本还特别重视节能技术的开发和应用,两层保温幕、地热、地中热交换、太阳能、酿热和工厂余热等节能技术较早地得到了开发和利用。美国温室有70%都建在南部各州,除交通方便外,最主要的优势是晴天日数多,太阳辐射强,所以双层充气塑料膜温室得以开发和充分利用。

欧洲是世界园艺设施栽培产业发展最早的地区,商品化温室栽培产业分布多集中于适宜气候带:68%的荷兰温室分布于靠近西海岸,45%的希腊温室分布于克里特岛地区附近的小岛,大部分法国温室分布于地中海沿岸等。玻璃温室主要分布于北欧、中欧,南欧各国主要发展塑料薄膜覆盖温室和大棚。对于温室的结构设计,他们也考虑与自然气候条件相适应。

综上可知,国外设施园艺发达国家,一方面,注重温室生产条件和本国气候相适应,如温室的结构、类型、设施园艺生产及环境管理等;另一方面,注意合理布局以节约能源,避免灾害风险。因此,我国温室的发展,除了要在布局上尽量安排在适宜发展区,还应在吸收国外先进技术的基础上,发展适合我国自然条件和经济条件的温室。

第三节　研究内容与方法

围绕我国连栋温室的能耗分布及自然气候特点,利用综合因子和主导指标原则,确定我国连栋温室的采暖期,计算连栋温室的能耗,并结合各地气候条件,对连栋温室进行系统气候区划;同时根据我国东部淮河以北日光温室的发展条件和气候特点,系统研究了日光温室土壤、空气热环境特征和湿度环境特点,介绍了日光温室特殊光环境条件的群体结构特征,探讨了日光温室内设保温幕的节能效果,最后对我国东部淮河以北节能日光温室进行理论区划。

一、中国连栋温室采暖能耗分析

采暖能耗的大小除了和当地的气候条件有关(即具有地域性),也与温室的结构设计以及供热技术有关。衡量温室能耗的大小,除考虑采暖期的长短外,采暖期间的日平均温度也是重要的指标之一。在计算采暖期天数时,按 30 年累年日平均温度稳定低于或等于采暖室外某临界温度的总日数确定。在实际计算中,考虑到在接近 10 ℃的一段时间内,会存在一些波动,不能直接获取所需数据,所以采用连续 5 天的滑动平均温度将次要的、小的波动平滑掉,将稳定通过 10 ℃的第一个数所对应的日数为结束日期,稳定通过的最后一个数所对应的日数为开始日期,以此确定温室采暖期。期间热负荷用于计算温室实际采暖能耗,期间热负荷的算法参考日本采暖标准,据此计算的耗煤量基本可以反映我国温室耗煤量的分布。

二、连栋温室最大热负荷分布分析

在温室供暖设计中,要计算最大采暖(热)负荷和期间采暖(热)负荷,由最大热负荷决定加温方式和采暖设备容量,以保证在最寒冷季节温室作物所需的最大热量。期间热负荷是栽培期间实际消耗的热量,由此估算燃料消耗量,并在供暖设计中根据期间热负荷的变化规律予以调节。室外设计温度的确定是采用 1971—2000 年 30 年历年逐日平均气温,将其变为 30 年累年逐日平均气温,并参考民用建筑采暖设计规范的处理办法进行折中,确定温室冬季采暖的室外设计温度。同时通过计算分析室外设计温度在全国的分布状况,进而计算不同区域连栋温室最大热负荷,得出较为翔实和相对科学的最大热负荷分布情况。

三、日光温室土壤温度环境特征及调控措施

在获得基础数据的基础上,通过构建数学模型的方法研究我国不同地域日光温室一日中的土壤温度场的分布状况,得到较为科学合理的土壤温度蓄积和传递规律,结合立地实际情况,提出适宜的、操作性强的土壤增温措施。此外,还开展土壤各增温措施分析。增温试验分单项试验和组合试验两个阶段,第一阶段通过比较几种提高地温措施的增温效果,然后将增温显著的措施组合起来,进行第二阶段组合试验,最终筛选出最佳的土壤增温调控措施。

四、日光温室空气热环境特征及调控措施

一方面,利用实测数据分析日光温室的热环境状况。收集前人研究日光温室的小气候观

测数据及相应的温室结构资料,对资料进行统计分析,结合专家建议,运用模糊综合评判方法找出比较客观稳定的、对结构变化较灵敏的热环境分析指标,对求得的指标进行实际应用;另一方面,利用模型分析温室的结构与环境之间的关系。即根据热平衡理论,建立动态的日光温室热环境模型,对模型进行试验验证,并对不同纬度、不同结构类型的温室进行模拟,并根据分析指标评价温室的热环境,有针对性地开展影响日光温室内热环境变化的主要因素研究,提出因地制宜的调控措施。

五、日光温室空气湿度环境特征及除湿技术

参照国内外研究结果,在试验观测的基础上,利用温室热量平衡原理,找出日光温室内湿度的计算模式,分析不同天气状况下、白天和夜晚温室内外空气湿度的时空分布特征,并结合我国不同地域环境特点和栽培作物,提出几种适合区域特征的除湿方法,并进行客观的评价,为日光温室的除湿预报及调控提供理论依据。

六、中国日光温室气候区划分析

日光温室气候区划根据蔬菜生长对气候的要求,遵循气候分布的地带性和非地带性规律,将气候条件相同的地区归并在一起,将气候条件不同的地区区别开来,为因地制宜地利用各地的气候资源提供科学的依据。在确定日光温室区划指标时,将整个温室看成一个系统,考虑温室的结构参数及热平衡,采用主成分分析法,对影响日光温室的众多原始环境因子进行筛选,确定气候区划的指标并在生产实践中予以验证。

第二章　中国连栋温室采暖能耗分析

　　连栋温室在我国虽然只有十几年的发展史,但在中国市场上的温室形式却基本涵盖了世界所有的温室类型,加之我国自行研制的不同种类国产温室,温室种类繁多,但并不是每一地区都适宜连栋温室发展,更需要考虑节能和适地发展。温室结构和采暖设计理论与民用建筑差异较大,研究成果较少,也制约了温室技术和质量方面的创新。采暖能耗的大小除了和当地的气候条件有关(即具有地域性),也与温室的结构设计以及供热技术有关。所以不仅要有适宜于当地立地条件的温室设计结构,还要正确计算出不同地域条件下温室采暖负荷,分析得出较为合理的采暖期和能耗分布,不断优化温室技术参数和改进供热技术显得尤为重要。对于精准化管理的连栋温室来说,冬季供暖是保证温室作物正常生长的首要条件,在温室供暖设计中,要计算最大采暖(热)负荷和期间采暖(热)负荷,由最大热负荷决定加温方式和采暖设备容量,以保证在最寒冷季节温室作物所需的最大热量。

第一节　连栋温室采暖期的确定

一、连栋温室采暖期的确定

　　在设计计算用采暖期天数时,按 30 年累年日平均温度稳定低于或等于采暖室外某临界温度的总日数确定。民用建筑和生产厂房及辅助建筑物,临界温度采用 5 ℃,采暖空调采用 8 ℃。温室(日光温室除外)采暖设计应比民用建筑空气调节安全系数高,所以我们以 8.5 ℃ 作为临界值开始模拟,每次增加 0.5 ℃,到 10 ℃时,发现 10 ℃作为界线计算的采暖日数或起止日期同实际调查情况符合(调查北京、上海、昆明、济南及沈阳等城市),分析作物的生长发育特点,日平均温度 10 ℃一般为作物生长季的开始或结束界线,所以取 10 ℃为界线是合理的,符合实际。

　　在实际计算中,要使日平均温度稳定低于或等于 10 ℃,利用 30 年累年逐日平均温度实际值,在接近 10 ℃的一段时间内,会存在一些波动,不能直接获取所需数据,所以采用连续 5 天的滑动平均温度将次要的、小的波动平滑掉,获得稳定低于或等于 10 ℃的日数。

　　5 日滑动平均数的计算公式为:

$$\bar{x}_{5i} = \frac{1}{5} \sum_{k=i}^{i+(5-1)} x_k \quad i = 1,2,\cdots,N(样本数序号)$$

　　以任意站点杭州站采暖结束期的时段为例,累年日平均温度不滑动处理和 5 日滑动平均处理的结果见图 2-1。

　　在每一站点的累年日平均气温分别从≤10 ℃开始和结束前后做 5 日滑动平均,将稳定通过 10 ℃的第一个数所对应的日数为结束日期,稳定通过的最后一个数所对应的日数为开始日

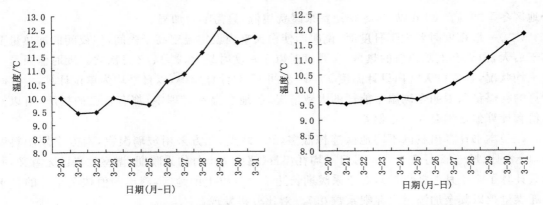

图 2-1　5 日滑动平均示意图（左图为原始数据，右图为滑动平均后数据）

期，确定了温室采暖期。需要说明，本书所制定的采暖时间，只说明各地 30 年平均相对稳定的状况，由于当地每年的气候条件不同，暖年份会少于平均值，冷年份则相反，而且要根据温室作物对温度的要求适当调整采暖期，故本书提供的采暖开始和结束时间，仅供参考。

计算度时所取室内设计温度，参考温室内黄瓜、番茄及彩椒生长所需的温度，白天室内设计温度取 23 ℃，夜间室内设计温度取 18 ℃。表 2-1 为我国几个城市耗煤量和采暖期计算值和调查值的比较。由于各地在温室运行中的管理不同，如室内设定温度、供热技术等不同会使耗煤量的多少有差异。从总体看，计算值普遍低于调查值，原因有二：计算耗煤量没有考虑供热过程的浪费，如我国连栋温室在供暖过程中普遍存在的一边通风一边加热的现象；计算值也是一种近似。但总的趋势是随着纬度的增高耗煤量增大，符合实际。

表 2-1　耗煤量、采暖期计算值和调查值比较

	耗煤量/t	哈尔滨	沈　阳	北　京	济　南	上　海	昆　明
计算值	1 月日平均	1.11	0.85	0.62	0.53	0.40	0.30
	2 月日平均	0.93	0.74	0.54	0.46	0.36	0.25
	3 月日平均	0.62	0.49	0.37	0.30	0.28	0.17
	4 月日平均	0.34	0.26	0.16	0.09	0.13	0.08
	10 月日平均	0.38	0.27	0.17	0.10	0.00	0.10
	11 月日平均	0.70	0.51	0.40	0.30	0.17	0.20
	12 月日平均	0.96	0.75	0.56	0.47	0.32	0.29
	年耗煤量/t	151	110	76	59	40	21
	加温时间	10 月 1 日—4 月 28 日	10 月 12 日—4 月 17 日	10 月 26 日—4 月 4 日	11 月 7 日—3 月 28 日	11 月 30 日—3 月 30 日	11 月 30 日—2 月 13 日
调查值	加温时间		10 月上中旬—4 月中下旬	10 月中下旬—4 月上旬	11 月上旬—3 月底、4 月初	12 月初—4 月初	12 月初—2 月中下旬
	年耗煤量/t	125	153	85	58	25	17

附录 1 为全国 202 个站点采暖期和各月采暖度时，分析发现：

（一）全国温室的采暖时间从 0 到 365 天不等，青海、西藏大部地区须常年加热，所以建造温室（日光温室除外）不实际，广东、海南、广西和云南的部分地区冬季不需要加温，华南大部

分地区冬季加温在 80 d 以下,冬季温室采暖费用低,只需临时加温。

(二)一般夜度时要大于日度时,说明即使白天室内设定温度高于夜间,但夜间的加热量要高于白天,白天有太阳辐射的热量;各月度时以 1 月度时最大,2 月、12 月次之。度时值只是一个平均状况,且按白天室内设计温度 23 ℃、夜间 18 ℃计算所得,以日平均为单位计算,由度时计算的耗煤量只说明全国温室能耗的大致情况,各地在温室管理中,都有自己的措施,所以实际值和计算值之间存在一定偏差。

(三)本书计算出我国不同地区连栋温室(202 站点,北方采用玻璃温室,南方采用塑料温室)1—4 月、10—12 月 7 个月每月日平均耗煤量(超出 7 个月的采暖期,温室发展已无意义,所以只计算了 7 个月的耗煤量),对于采暖期长达 7 个月以上的地区,超出的值按 7 个月的日平均耗煤量乘以其余加温时间并乘系数 0.7。对比分析发现:

1. 分析各月耗煤量发现,全国各地最大耗煤量出现在 1 月,其次为 12 月和 2 月,北方 1 月平均耗煤量占年耗煤量的 30%左右,12 月占 20%以上,2 月占 20%或以下。

2.1 月日平均耗煤量,黑龙江、内蒙古东部和新疆北疆和青海部分地区日耗煤量都达到 1 t·亩$^{-1}$[①]以上,以黑龙江的漠河和内蒙古的图里河为全国最大值,分别为日平均耗煤量 1.48 t·亩和 1.45 t·亩$^{-1}$;12 月、2 月这些地区大部分都在 1 t·亩$^{-1}$以上。

3. 从全年耗煤量看,由于我国从南到北,气候差异很大,从南方的无能耗(广东全部、海南全部、广西大部分地区、福建部分地区和云南部分地区)到北方的高能耗(黑龙江、内蒙古、西藏藏北和青海部分地区全年耗煤量都高于 200 t·亩$^{-1}$),耗煤量存在极大的差别。

4. 西藏藏南地区,如林芝,虽然采暖天数比北京多 41 d(北京 162 d,林芝 203 d),但年耗煤量(北京 76 t,林芝 75 t)与北京相差不多,比北京少 1 t,最主要的原因是,年采暖能耗除和采暖期密切相关外,还同采暖期间的日平均温度有关,采暖期间北京日平均温度(1.2 ℃)比林芝低 2.9 ℃(林芝 4.1 ℃)。

故衡量温室能耗的大小,除考虑采暖期的长短外,采暖期间的日平均温度也是重要的考虑指标。图 2-2 和 2-3 分别给出了我国连栋温室冬季采暖期及每亩温室年耗煤量的分布情况。

二、结论

(一)采用当地 30 年历年逐日平均气温资料,取最低日平均温度和当地 30 年累年最冷月平均温度作为基本值确定温室采暖室外设计温度:将 0.85 倍的最低日平均温度与 0.15 倍的最冷月平均温度之和取整。

(二)以当地累年逐日平均气温≤10 ℃的持续日数确定为连栋温室的采暖期,在实际计算中,每一站点的开始和结束日期前后要取五日滑动平均以滤掉温度波动,由此确定的温室采暖期和实际情况相符,也和作物生长状况相吻合。计算分析得出,我国连栋温室采暖期变化很大,从南方部分地区不需要采暖到青海、西藏大部分地区全年采暖,说明温室发展对热量要求存在极大差异。

(三)期间热负荷用于计算温室实际采暖能耗,期间热负荷的算法参考日本采暖标准。据此计算的耗煤量基本可以反映我国温室耗煤量的分布情况。

---

① 1 亩＝1/15 hm²≈666.7 m²。

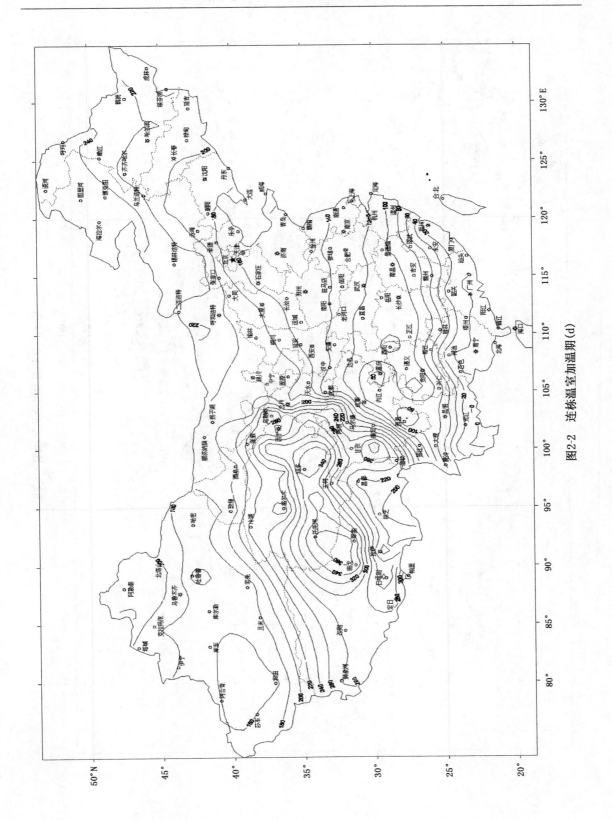

图2-2 连栋温室加温期 (d)

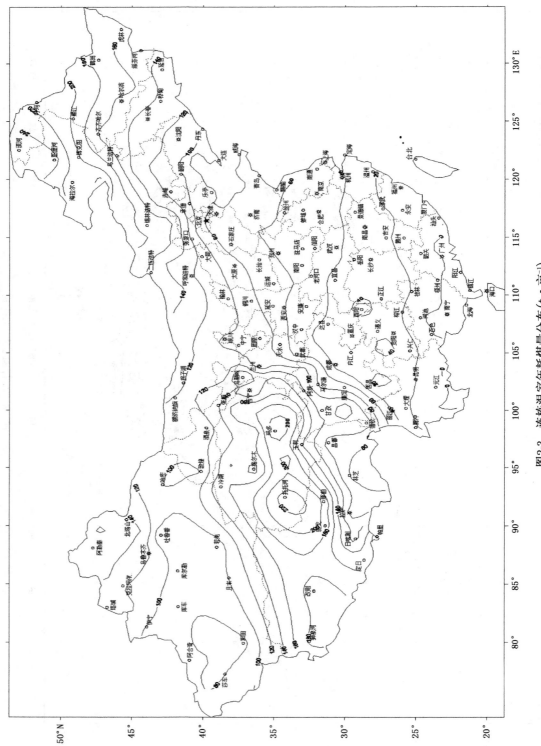

图2-3　连栋温室年耗煤量分布 (t・亩$^{-1}$)

（四）通过计算全国各地的采暖能耗发现，全国各地最大采暖耗煤量出现在 1 月，其次为 12 月和 2 月，北方 1 月平均耗煤量占年耗煤量的 30％ 左右，12 月占 20％ 以上，2 月占 20％ 以下。从全年耗煤量看，从南方的无能耗（广东全部、海南全部、广西大部分地区、福建部分地区和云南部分地区）到北方的高能耗（黑龙江全部、内蒙古大部、新疆北疆、西藏藏北，全年耗煤量每亩 200 t 左右），耗煤量存在极大的差别。衡量温室能耗的大小，除取决于采暖期的长短外，采暖期间日平均温度也是重要的指标之一。

第二节　连栋温室采暖能耗分布分析

我国大型连栋温室普遍存在冬季能耗大的问题，仅以引进的连栋温室为例，在中国北纬 35° 左右地区，冬季加温能耗占总成本的 30％～40％，北纬 40° 左右地区占 40％～50％，北纬 43° 及以北地区占 60％～70％。所以减少冬季能耗是提高连栋温室经济效益的有效途径。

关于温室节能，国内外学者从不同角度研究了温室节能效果，温室结构的优化以及采取降低冷风渗透、塑料球粒保温系统、作物根区加热、地下热交换系统、提高锅炉热利用效率、增加调节装置改进供热技术防止热量浪费等措施都能起到温室节约能耗的效果。下面具体分析我国北方区和南方区连栋温室的耗煤量，北方区是以面积 5120 m^2 的玻璃温室为基础算得的，南方区耗煤量是以面积为 5184 m^2 的塑料温室为标准计算得出的结果。

一、北方区

（一）北方Ⅰ区

1. 北方ⅠA区

以日平均温度≤10 ℃的间隔日数为连栋温室的加温期，本区则年加温日数都在 220 d 以上，平均 241 d，内蒙古的图里河和阿尔山以及黑龙江的漠河，加温期都在 260 d 以上。≤10 ℃ 期间内的平均温度为 −9.6 ℃，本区加温时段大致从 9 月开始到来年的 5 月底，长达 8 个月；占地面积 5000 m^2 左右的玻璃温室，平均每亩年耗煤量都在 171 t～254 t（漠河），平均值高达 204 t。所有地区 1、2 和 12 月每亩每天耗煤量都在 1 t 以上，即一亩连栋温室每天的耗煤费用都在 300 元左右。年耗煤费用 39314～58351 元·亩⁻¹，平均达 46938 元·亩⁻¹。该区采暖能耗占运行费用的 70％，漠河高达 74％，连栋温室不宜发展。

2. 北方ⅠB区

连栋温室采暖期为 200 d 左右，低值中心为新疆的哈密，为 174 d；大部分地区加温时间从 10 月初到来年的 4 月底，达 7 个月，比ⅠA区减少近 40 d；≤10 ℃ 期间内的平均温度为 −5.1 ℃，年耗煤量平均每亩 99（新疆伊宁）～168 t（黑龙江富锦），平均值为 135 t；冬季 1 月大部分地区每亩日耗煤量都在 1 t 左右，2 月、12 月日耗煤量在 0.7 t 以上。加温能耗费用 22693～38693 元·亩⁻¹，平均 31068 元·亩⁻¹，占运行成本的 61％，最小值伊宁，也占到 53％。本区发展连栋温室的极大障碍也是冬季的高能耗，连栋温室发展困难。

（二）北方Ⅱ区

1. 北方ⅡA区

连栋温室采暖时间 210～240 d，平均为 222 d，从 9 月底开始到来年的 4 月底结束，大约近

7 个月,≤10 ℃期间内的平均温度为—5.3 ℃。玻璃温室加温年耗煤量 134(内蒙古海力素、乌拉特后旗)~180 t(西乌珠穆沁旗),平均 150 t;1 月、2 月日平均耗煤量也在 1 t 或以上。本区年耗煤费用平均 34527 元·亩⁻¹,占运行成本的 63%。加温能耗同北方 I B 区相似,连栋温室发展困难。

　　从温度条件和能耗上分析,此区应和北方 I B 区同属一个区,由于本书一级区划采用的是综合指标法,指标选取的是和温室密切相关的温、光条件,从区划结果看,北方 II 区的光照条件普遍较好,根据光照条件分析,北方 II A 区应属于北方 II 区而不属于北方 I 区,这是数学方法自动计算的结果,说明 II A 区在 II 区的光照相似性要高于其同 I B 区温度的相似程度。

　　2. 北方 II B 区

　　连栋温室采暖期 184~202 d,平均为 194 d,加温期从 10 月上中旬到来年的 4 月中旬,平均加温期半年,≤10 ℃期间内的平均温度为—2.1 ℃。年耗煤量 97(宁夏银川)~120 t·亩⁻¹(内蒙古呼和浩特),平均 108 t;1 月日平均耗煤量每亩在 0.8 t 左右,2 月、12 月也在 0.7 t 左右。平均每年耗煤费用 24831 元,占运行费用的 55%,最少的银川占耗煤费用也占 57%。能耗费用比北方 II A 区减少近 1 万元,加温期减少 1 个月,运行费用比率降低了 11%;虽然能耗同以上几区相比有一定程度的降低,发展连栋温室仍有一定困难,半年的加温期使能耗费用可观。以宁夏回族自治区能耗最小值银川为例:1998 年由宁夏回族自治区政府出资引进以色列大型温室 0.5 hm² 在银川郊区落成,当年进行黄瓜育苗,由于以色列温室不配有加温设备,冬季来临后,一次降温致使瓜苗全部冻伤,而在同一地点分布的第二代节能日光温室群,室内作物安然无恙。1999 年加大投入,自行设计配备锅炉、散热器等加温设备,由于冬季低温(最冷月平均气温—7.9 ℃,室外设计温度—20 ℃),需散热器数量多,调查时发现,在作物的每一畦之间都布有散热器。1999 年因能耗巨大而入不敷出,现温室冬季已完全闲置。所以本区连栋温室要慎重发展。

　　3. 北方 II C 区

　　连栋温室采暖时间为 151~167 d,平均 161 d,从 10 月中下旬开始到来年的 3 月下旬结束,加温期间的日平均温度为—0.3 ℃,年耗煤量 73~93 t·亩⁻¹,合 16735~21403 元,占运行成本的 46%~52%,平均为 49%,采暖能耗也偏高;1 月日平均耗煤量在 0.7 t·亩⁻¹左右,12 月 0.6 t·亩⁻¹,2 月 0.5 t·亩⁻¹,日耗煤量较大。本区绝大部分为新疆南疆地区,经济条件相对落后,发展连栋温室采暖能耗较高;由于盆地的聚热作用和戈壁沙漠下垫面影响,夏季高温会造成温室蓄热,降温耗能不容忽视,连栋温室不适宜发展。

　　(三)北方 III 区

　　1. 北方 III A 区

　　连栋温室加温期 170~197 d,平均 183 d,从 10 月中下旬开始到来年 4 月中下旬结束,长达半年。耗煤量 73(甘肃天水)~116 t·亩⁻¹(山西大同),平均 95 t;1 月日平均耗煤量 0.56~0.83 t·亩⁻¹,2 月、12 月为 0.6 t·亩⁻¹左右。年加温消耗费用 16783~26597 元·亩⁻¹,占运行成本的 46%~57%,平均 52%,≤10 ℃期间内的平均温度为—0.3 ℃。冬季耗煤量偏大,但夏季气温不高,大部分地区≥25 ℃的持续日数为 0。全年能耗以冬季加温耗能为主。本区除兰州、天水冬季光照较弱外,大部分地区光照条件优越,连栋温室可以根据需要少量发展。

　　2. 北方 III B 区

　　连栋温室加温期 141~174 d,平均 153 d,需 5 个月左右,起止日期为 10 月底、11 月初到

来年的 3 月底、4 月初,加温期间的日平均温度大于 0 ℃,平均 2.5 ℃。年加温耗煤量 59～81 t
·亩$^{-1}$,平均 67 t,合 13470～18719 元·亩$^{-1}$,占运行成本的 40％～48％,平均 43％;日平均
耗煤量 1 月平均 0.56 t·亩$^{-1}$,2 月 0.49、3 月 0.34、4 月 0.15、10 月 0.14、11 月 0.34、12 月 0.50
t·亩$^{-1}$。北京 1 月日平均耗煤量计算值 0.62 t·亩$^{-1}$,在实际运行中,以北京顺义“三高”农业
示范区提供数据,华北型连栋塑料温室采用多种节能措施后,供暖锅炉 1 月平均日燃煤量平均
0.48～0.56 t·亩$^{-1}$,最高时达 0.76～0.81 t·亩$^{-1}$,说明计算值在一定程度上反映实际耗煤
量的大小。此区冬季加温能耗在北方区虽最低,但仍很可观,由于夏季炎热,若长季节栽培,降
温耗能也不乐观,但此区大中城市集中,经济发达,高附加值的经济类蔬菜符合市场需求,连栋
温室相对有发展潜力,在北方地区,适宜发展,某些光照弱的地区(如西安)温室生产会影响蔬
菜品质。

（四）北方 Ⅳ 区

1. 北方 Ⅳ A 区

日平均温度≤10 ℃的天数除青海改则 287 d 外,其余都为 365 d,即连栋温室在本区发展
需 365 天不间断加温;≤10 ℃期间内的平均温度为－2.1 ℃。虽然加温期长,连栋温室年耗煤
量 185～233 t·亩$^{-1}$(青海托托河),平均 206 t,合 42532～53668 元,占运行费用的 68％～
73％,平均值 70％。加温总能耗和北方 Ⅰ A 区相当,但由于加温期长,各月加温强度不如北方
Ⅰ A 区,如最冷月 1 月的日平均加温能耗普遍在 1 t 以下,平均 0.96 t,而北方 Ⅰ A 区平均值则
为 1.29 t。同北方 Ⅰ A 区一样,连栋温室因能耗巨大不宜发展。

2. 北方 Ⅳ B 区

连栋温室加温期持续期长,在全国仅次于 Ⅳ A 区,为 190(四川九龙)～365 d(西藏帕里),
平均 253 d,达 8 个半月;≤10 ℃期间内的平均温度为 0.6 ℃;年耗煤量 70～184 t·亩$^{-1}$(西藏
帕里),平均 128 t·亩$^{-1}$;本区有几个地区的耗煤量较少,如四川九龙、马尔康每亩年耗煤量分
别为 70 t 和 74 t,西藏林芝为 75 t,拉萨 88 t,昌都 91 t,这些地区的优势在于日照条件充分,夏
季无降温能耗,所以如果周年栽培,发展连栋温室的气候条件和能耗条件在北方区处于第
一位。

表 2-2 将北方 Ⅳ B 区几个主要城市和北方 Ⅲ B 区一些具有发展连栋温室潜力的地区进行
比较。由表可见,虽北方 Ⅳ B 区加温日数要长于北方 Ⅲ 区,但耗煤量相差不多,且夏季温度不
高,≥25 ℃的日数为 0,夏季生产条件优于北方 Ⅲ B 区,其他发展温室的气候条件也好于北方
Ⅲ B 区,若该地区有温室产品市场,应该是北方区具有发展连栋温室条件的地区,本区其他地
区无此优势。

二、南方区

（一）南方 Ⅰ 区

1. 南方 Ⅰ A 区

连栋温室冬季加温时间 135(江苏南京)～151 d(江苏赣榆),平均 140 d,需四个半月的加
温时间。采暖期大致从 11 月上中旬开始到来年的 3 月底 4 月初结束;年耗煤量 48(安徽合
肥)～63 t·亩$^{-1}$(江苏赣榆),平均 53 t·亩$^{-1}$,费用为 11095～14381 元,占运行成本的 36％
～42％,平均值 38％;1 月、2 月和 12 月日平均耗煤量 0.4 t 以上。本区光照在南方属偏上水

平,发展连栋温室有一定优势,冬季加温能耗不容忽视,要注意冬季节能、保温,夏季遮阳通风。

表 2-2　北方ⅣB区和北方ⅢB区几个主要城市气候条件比较

站名	日平均温度≤10℃的天数	≤10℃期间内的平均温度/℃	每亩年耗煤量/t	冬季日照时数/h	冬季日照百分率/%	最冷月平均温度/℃	最热月平均温度/℃	≥25℃的日数	30年一遇最大风速/m·s⁻¹	最大积雪深度/cm
北 京	162	1.2	76	6.3	64	−3.7	26.2	54	21.7	24
天 津	159	1.4	74	5.8	58	−3.5	26.6	66	28.0	17
石家庄	153	2.1	68	5.6	56	−2.2	26.8	76	20.7	19
运 城	147	2.8	62	5.0	49	−0.9	27.4	77	24.0	12
济 南	141	3.2	59	5.7	56	−0.4	27.5	87	19.3	22
西 安	147	3.3	60	3.3	32	−0.1	26.6	67	15.2	14
林 芝	202	4.1	75	6.1	57	0.5	15.8	0	25.0	13
昌 都	212	2.5	91	6.6	63	−2.3	16.0	0	15.0	11
拉 萨	207	3.1	88	8.2	77	−1.6	15.7	0	12.0	12
马尔康	197	3.6	74	6.5	61	−0.6	16.1	0	22.0	14
九 龙	190	4.4	70	6.0	57	1.1	15.1	0	20.7	11

注:北京、天津、石家庄、运城、济南、西安属于北方ⅢB区;林芝、昌都、拉萨、马尔康、九龙属于北方ⅣB区。

2. 南方ⅠB区

连栋温室冬季加温时间 104(浙江衢州)～124 d(浙江杭州),平均 116 d,近 4 个月,起止时间大致从 12 月下旬到来年的 3 月中下旬;年耗煤量 34～42 t·亩⁻¹,平均 39 t·亩⁻¹,费用为 7709～9612 元,已达 1 万元以下,占运行成本的 28%～32%,平均值 31%;1 月平均日耗煤量 0.4 t·亩⁻¹,2 月为 0.35 t·亩⁻¹,12 月为 0.33 t·亩⁻¹;冬季加温条件和北方相比已有绝对优势,但夏季降温不容忽视,≥25℃的持续日数 74～82 d,平均 84 d,炎热时期较长。鉴于本区沿海城市经济发达,连栋温室发展潜力大,要注意冬季保温兼夏季降温,温室应向高大化方向发展以加强通风;由于夏季湿度大,平均 80%,夏季湿帘降温效果不如北方明显。

(二)南方Ⅱ区

1. 南方ⅡA区

温室冬季采暖时间 80 d 以上,为 80(浙江温州)～116 d(湖南长沙),平均 96 d,超过 3 个月;加温起止日期大部分地区从 11 月底开始到来年的 3 月初结束;年耗煤量 21～38 t·亩⁻¹,平均 29 t·亩⁻¹,费用为 4915～8713 元,平均值为 6728 元。年耗煤量占运行成本的 20%～30%,平均值 25%;1 月日平均耗煤量 0.36 t·亩⁻¹,2 月 0.32 t·亩⁻¹,3 月 0.30 t·亩⁻¹。发展连栋温室冬季加温能耗已不是主要的矛盾,但夏季炎热期长,≥25℃的持续日数持续 3 个多月,夏季降温能耗大;冬季弱光(平均 3.1 h·d⁻¹)成为影响作物产量、品质的主要因素,所以根据需要适当发展连栋温室。

2. 南方ⅡB区

冬季采暖时间 80 d 以下,大部分地区冬季不需加温,少部分只需寒冷时期临时补充加温,加温时间 0～70 d 不等。年耗煤量 0～20 t·亩⁻¹(广西桂林)。夏季湿热且持续时间长,

≥25 ℃的持续日数 103～161 d,平均 131 d,平均持续 4 个多月,温室运行主要障碍已由冬季加温转化为夏季降温问题;由于冬季气温较高,温室生产目的主要为夏季防雨、遮阳,以及部分地区防台风。连栋温室以高大为宜,投资不宜太高,可以考虑在温室气候条件稍好的地区如广东河源、福建福州等地发展连栋温室,栽培高档花卉等经济类作物。

（三）南方Ⅲ区

主要指我国南部沿海城市。最冷月气温普遍在 12 ℃以上,冬季不需加温。≥25 ℃的持续日数 114～202 d,平均 165 d,平均持续 5 个多月。由于地处沿海,台风多,连栋温室要高大,抗风能力要强,总面积以 2000 m² 以下为宜。

（四）南方Ⅳ区

1. 南方ⅣA区

连栋温室采暖期 71～112 d,平均 90 d。年耗煤量 22～38 t·亩⁻¹,相当于 5117～8653元,占运行成本的 20%～30%,平均 25%,采暖能耗不大。属于全国冬季日照时数的低值中心,也是太阳辐射的低值中心,冬季日照时数平均 98 h(1.1 h·d⁻¹),此区辐射、日照资源匮乏,是连栋温室生产最大的障碍,不宜发展。

2. 南方ⅣB区

连栋温室加温期 97～141 d,平均 127 d。年耗煤量 29(贵州兴义)～51 t·亩⁻¹(陕西汉中),平均 40 t,费用 6715～11838 元,占运行成本的 25%～37%,平均 16%;虽光照资源优于南方ⅣA区,但在全国仍处低水平,冬季日照时数平均 210 h(2.3 h·d⁻¹),日照百分率平均仅22%,是发展温室的最大限制因素,不宜进行温室生产。

（五）南方Ⅴ区

1. 南方ⅤA区

连栋温室加温期 50(四川西昌)～128 d(云南丽江),平均 84 d,不到 3 个月。年耗煤量13～39 t·亩⁻¹,平均 23 t·亩⁻¹。能耗费用 2967～9061 元·亩⁻¹,占运行成本的 13%～31%,平均 20%。夏季凉爽,≥25 ℃的持续日数为 0。本区冬夏有非常优越的气候条件,冬季有充足的光照条件。从气候条件、能耗情况分析,此区是发展连栋温室在全国是最理想之地。但在温室设计中要注意个别地区的雪载较大;夏季降温可以自然通风为主;鉴于连栋温室是高投入的产业,要根据当地经济、科技、市场等情况量力而行。

2. 南方ⅤB区

本区发展连栋温室冬季不需要加温,夏季无炎热持续期。由于大部分地区受西南季风气候的影响,致降水量大。最冷月气温都在 11 ℃以上,露地周年栽培条件好。由于本区为少数民族聚居地(西双版纳傣族自治州、红河哈尼族彝族自治州、文山壮族苗族自治州),经济欠发达,连栋温室发展气候条件虽好,但主观因素不足。

第三章　连栋温室最大热负荷分布分析

冬季供暖是保证温室作物正常生长的首要条件,在温室供暖设计中,要计算最大采暖(热)负荷和期间采暖(热)负荷,由最大热负荷决定加温方式和采暖设备容量,以保证在最寒冷季节温室作物所需的最大热量。期间热负荷是栽培期间实际消耗的热量,由此估算燃料消耗量,并在供暖设计中根据期间热负荷的变化规律予以调节。

第一节　室外设计温度的确定

室外设计温度的确定之所以重要,原因在于温室设计中,需要计算最大热负荷来决定加温方式和采暖设备容量,而最大热负荷的计算要求确定合理的室外设计温度,若室外设计温度过高,使设备容量增加,采暖投资加大,造成不必要的设备浪费;设计偏低,则在寒冷季节温室作物不安全,所以确定合适的室外设计温度具有重要意义。

一、计算资料的来源

世界气象组织规定,30 年记录为得出稳定气象特征的最短年限,故根据 1971—2000 年 30年历年逐日平均气温,将其变为 30 年累年逐日平均气温,参考民用建筑采暖设计规范的处理办法进行折中,确定了温室冬季采暖的室外设计温度。

值得指出的是,我国最新民用建筑设计规范和有关的各种书籍,都采用 1951—1985 年的气象统计值(由于各种气候因子的统计是一项庞大的工作,需要耗费大量的人力和资金,所以新的规范都继续沿用了过去的统计成果),因此存在两个弊病,一是我国许多气象台站都是在20 世纪 50 年代中后期建成,有些台站甚至更晚,使得统计年份不足 30 年,个别台站只有 8年,造成结果不稳定;二是全球气候呈变暖趋势,就采暖而言,这一因素应予以考虑。表 3-1 是1951—1980 年 30 年气候资料与 1971—2000 年温度特征值对比,发现近 30 年气候变暖的趋势很明显,在统计过程中发现其他特征值也存在类似结果。

由表 3-1 可见:一是不论是最低日平均温度、最冷月平均温度还是年平均气温,1971—2000 年的统计值比 1951—1980 年统计值高,说明气温总的趋势是升高的;全国范围内北方差异较大,南方差异较小。;二是采暖所涉及的最低日平均温度变化幅度更大,1951—1980 年的30 年资料同 1971—2000 年资料相比,普遍偏低,合肥最多低 4.5 ℃,其次是石家庄和乌鲁木齐,分别偏低 4.2 ℃和 4.0 ℃;三是就北京地区,前 30 年与近 30 年相比,空气调节温度(历年不保证 1 天的最低日平均温度)增高 2 ℃,最低日平均温度增高 3.1 ℃,最冷月气温上升0.8 ℃,年平均气温升高0.8 ℃。所以制定标准时,气候资料值必须更新以确保设计结果的准确性。本书涉及的所有气候因子统计值及确定的参数都采用 1971—2000 年最近 30 年的气候资料。

表 3-1　1951—1980 年 30 年气候资料与 1971—2000 年 30 年资料温度特征值对比（℃）

站名	不保证 1 天		最低日平均			最冷月温度		年均温度	
	(1951—1980)	(1971—2000)	(1951—1980)	(1971—2000)	差值	(1951—1980)	(1971—2000)	(1951—1980)	1971—2000
北　京	−12	−10	−15.9	−12.8	3.1	−4.5	−3.7	11.4	12.2
天　津	−11	−10	−13.1	−11.8	1.3	−4.0	−3.5	12.2	12.7
石家庄	−11	−9	−17.1	−12.9	4.2	−2.9	−2.2	12.9	13.4
太　原	−15	−13	−17.8	−15.7	2.1	−6.5	−5.5	9.5	10.0
呼和浩特	−22	−21	−25.1	−25.1	0.0	−12.9	−11.6	5.8	6.7
沈　阳	−22	−21	−24.9	−23.8	1.1	−12.0	−11.0	7.8	8.4
长　春	−26	−25	−29.8	−27.7	2.1	−16.4	−15.1	4.9	5.7
哈尔滨	−29	−27	−33.0	−32.0	1.0	−19.4	−18.3	3.6	4.3
上　海	−4	−2	−6.9	−4.9	2.0	3.5	4.7	15.7	16.1
南　京	−6	−5	−9.0	−7.8	1.2	1.9	2.4	15.3	15.5
杭　州	−4	−3	−6.0	−5.0	1.0	3.7	4.3	16.2	16.5
合　肥	−7	−5	−12.5	−8.0	4.5	2.0	2.6	15.8	15.8
福　州	4	4	1.6	1.6	0.0	10.4	10.9	19.6	19.8
南　昌	−3	−2	−5.6	−5.5	0.1	4.9	5.3	17.5	17.6
济　南	−10	−8	−13.7	−11.0	2.7	−1.4	−0.4	14.2	14.7
郑　州	−7	−6	−11.4	−9.6	1.8	−0.3	0.1	14.2	14.3
武　汉	−5	−3	−11.3	−10.0	1.3	3.0	3.1	16.3	16.4
长　沙	−3	−1	−6.9	−5.9	1.0	4.6	4.6	17.2	17.0
广　州	5	5	2.9	2.9	0.0	13.3	13.6	21.8	22.0
海　口	10	10	6.9	6.9	0.0	17.1	17.7	23.8	24.1
南　宁	5	5	2.4	2.4	0.0	12.7	12.8	21.6	21.8
成　都	1	1	−1.1	−1.1	0.0	5.4	5.6	16.2	16.1
重　庆	2	2	0.9	0.9	0.0	7.5	7.8	18.3	17.7
贵　阳	−3	−3	−5.9	−5.8	0.1	4.9	5.1	15.3	15.4
昆　明	1	0	−3.5	−3.5	0.0	7.7	8.1	14.7	14.9
拉　萨	−8	−8	−10.3	−10.5	0.2	−2.3	−1.6	7.5	8.0
西　安	−8	−6	−12.3	−10.9	1.4	−0.9	−0.1	13.3	13.7
兰　州	−13	−12	−15.8	−15.1	0.9	−6.7	−5.3	9.1	9.7
西　宁	−15	−14	−20.3	−19.4	0.9	−8.2	−7.4	5.7	6.1
银　川	−18	−18	−23.4	−21.8	1.6	−8.9	−7.9	8.5	9.0
乌鲁木齐	−27	−24	−33.3	−29.3	4.0	−14.6	−12.6	5.7	6.9

二、室外设计温度确定过程

在建筑采暖设计中,室外设计温度一般采用当地 30 年历年不保证 5 天的最低日平均温度,空气调节室外设计温度采用历年不保证 1 天的最低日平均温度。温室建筑由于透光覆盖材料的热惰性较差,几乎没有蓄热能力(日光温室除外),外界温度的变化在很短的时间内就会影响到温室内温度,温室采暖室外设计温度应比民用建筑采暖取值低。近年国内学者一般采用建筑冬季空调的室外设计温度作为温室室外设计温度,还有建议在温室设计中采用冬季空调室外设计温度计算最大热负荷。作者通过利用民用建筑冬季采暖和空气调节持续期对我国连栋温室进行采暖期模拟,并与我国各地温室实际采暖期对比,发现连栋温室的采暖设计标准要略高于民用建筑空调要求,直接利用冬季空调的设计值会使温室设计不安全。以北京为例,建筑采暖期是 30 年累年逐日平均气温≤5 ℃的天数,按此界线采用最近 30 年资料确定采暖起止时期为 11 月 12 日开始,到来年的 3 月 15 日结束(1951—1980 年资料为 11 月 9 日开始,到来年的 3 月 17 日结束,我国民用建筑都采用此值),经调查,北京连栋温室的采暖期一般 10 月中下旬开始,到来年的 4 月上旬结束,同建筑采暖相差甚远;建筑冬季空调采暖采用平均气温≤8 ℃的天数,按此临界值采暖期为 11 月 4 日开始,到来年的 3 月 28 日结束,同温室的采暖期有一定差距;采用≤10 ℃的持续期确定的起止日期为 10 月 26 日开始,到来年的 4 月 4 日结束,同实际情况吻合程度较高,调查云南、上海、沈阳也较符合,故应以此作为连栋温室的采暖期。温室冬季室外设计温度要比民用建筑空气调节温度低才安全,而且此值应高于当地 30 年最低日平均温度、低于 30 年历年不保证 1 天(30 年一共不保证 30 天)的最低日平均温度,即介于两者之间。

首先统计各站点 30 年历年不保证 1 天的最低日平均温度作为参考值,求当地 30 年历年逐日平均气温的最低值,统计各地最冷月平均温度。计算模拟室外设计温度,使其处于 30 年历年不保证 1 天的最低日平均温度和当地 30 年最低日平均温度之间。以下公式的计算结果作为温室室外设计温度:

$$t_0 = \mathrm{INT}(0.85t_{min} + 0.15t_1)$$

式中,t_0 为温室冬季采暖室外设计温度(℃);t_{min} 为 30 年历年最低日平均温度(℃);t_1 为 30 年累年最冷月温度(℃),INT 为向下取整函数。此值,对冬季温室采暖设计是安全的,而且采暖投资比直接采用最低日平均温度要低。如果在栽培过程中能避开最寒冷时期或栽培品种耐低温性较强,则可以采用历年不保证 1 天的最低日平均温度以节约温室采暖投资费用。我国主要大城市冬季室外设计温度值见表 3-2,由表可见,通过累年最冷月气温的修订确定的室外设计温度一般都介于最低日平均温度和历年不保证 1 天最低日平均温度之间。

表 3-2　我国主要城市冬季采暖室外设计温度(℃)

站名	采暖期间的日平均温度	30 年最低日平均温度	最冷月平均温度	历年不保 1 天最低日平均温度	冬季室外设计温度
北　京	1.2	−12.8	−3.7	−10	−12
天　津	1.4	−11.8	−3.5	−10	−11
石家庄	2.1	−12.9	−2.2	−9	−12
太　原	0.2	−15.7	−5.5	−13	−15
呼和浩特	−3.1	−25.1	−11.6	−21	−24
沈　阳	−2.6	−23.8	−11.0	−21	−22
长　春	−5.1	−27.7	−15.1	−25	−26
哈尔滨	−6.6	−32.0	−18.3	−27	−30
上　海	6.7	−4.9	4.7	−2	−4
南　京	5.1	−7.8	2.4	−5	−7
杭　州	6.4	−5.0	4.3	−3	−4

续表

站名	采暖期间的日平均温度	30年最低日平均温度	最冷月平均温度	历年不保1天最低日平均温度	冬季室外设计温度
合 肥	5.4	−8.0	2.6	−5	−7
福 州	9.9	1.6	10.9	4	2
南 昌	6.9	−5.5	5.3	−2	−4
济 南	3.2	−11.0	−0.4	−8	−10
郑 州	3.6	−9.6	0.1	−6	−9
武 汉	6.0	−10.0	3.7	−3	−8
长 沙	6.3	−5.9	4.6	−1	−5
广 州	/	2.9	13.6	5	4
海 口	/	6.9	17.7	10	8
南 宁	/	2.4	12.8	5	3
成 都	6.9	−1.1	5.6	1	−1
重 庆	8.3	0.9	7.8	3	1
贵 阳	6.5	−5.8	5.1	−3	−5
昆 明	8.5	−3.5	8.1	0	−2
拉 萨	3.1	−10.5	−1.6	−8	−10
西 安	3.3	−10.9	−0.1	−6	−10
兰 州	0.5	−15.1	−5.3	−12	−14
西 宁	−0.4	−19.4	−7.4	−14	−18
银 川	−0.8	−21.8	−7.9	−18	−20
乌鲁木齐	−4.6	−29.3	−12.6	−24	−27

第二节 连栋温室最大热负荷的计算

通过比较最大热负荷和期间热负荷在温室栽培中的作用,借鉴和采用日本利用度时计算期间热负荷的标准,确定连栋温室采暖常用参数,目的是为我国不同立地条件下的连栋温室采暖设计标准化提供依据,为温室节能提供参考。

一、温室最大热负荷的计算

温室最大热负荷的计算方法一般由逐项计算法确定:

$$Q = Q_t + Q_v + Q_s$$

式中,Q_t为温室传热负荷(W),是指通过覆盖材料或围护结构而损失的热量,占最大热负荷70%~80%;Q_v为缝隙换气传热负荷(W),占最大热负荷的20%左右;Q_s为地中传热负荷(W),占最大热负荷的10%左右。美国温室设计标准认为,最大热负荷的计算是基于冬季凌晨的特定时刻,其中的许多因素都可以不予考虑,在此时刻,由于加热期的地面温度稳定接近室内的空气温度,地面热交换很小,地中传热量可以忽略。这样,最大热负荷便简化为平衡通过围护结构传热和冷风渗透两项热损失的能量需求。

1. 传热热损失

温室通过其暴露表面的传热热损失可通过下式计算:

$$Q_t = h_t A(t_i - t_o)(1 - f_r)$$

式中,h_t 为总传热系数(W·m^{-2}·K),单层玻璃为 6.4,单层塑料膜为 6.8;A 为温室的表面积(m^2);t_i、t_o 分别为室内、室外计算温度(℃);f_r 为节能措施的省热率(%)。总传热系数与覆盖材料的辐射特性有关,是在微风及最低温度 0 ℃ 条件下测得。我国地域辽阔,尤其在北方冬季最低气温可达 -40 ℃ 以下,所以在冬季寒冷、季节风大的地方,使用此数值要进行校正。根据不同地区的气候条件,最低温度每降低 -10 ℃,传热系数要增加 5%,相反地,保温覆盖的热节减率也要减少 5%。本书在计算热负荷时,均做了相应校正。

由于透光覆盖材料要有相应结构支撑,使用传热系数计算热损失时要乘以一个结构因子,以考虑包括屋脊、窗框、天沟和骨架等结构的影响。金属结构玻璃温室取 1.05,金属结构塑料膜温室取 1.02。

2. 冷风渗透热损失

经对比计算,使用美国标准此项计算值偏小,所以冷风渗透热损失采用民用建筑的概略计算法符合实际情况:

$$Q_v = 0.278 CVN\rho_w(t_i - t_o)$$

式中,C 为空气的比热,取 1 kJ·kg^{-1}·℃$^{-1}$;V 为温室的容积(m^3);N 为换气次数,取 1 次·h^{-1},塑料膜覆盖为 0.6～1 次·h^{-1},取 0.8 次·h^{-1};ρ_w 为室外供暖计算温度下的空气密度(kg·m^{-3})。在定压条件下,空气密度与空气的绝对温度呈反比关系,即:$\rho_w = 273\rho_0/(273 + t_o)$,$t_o$ 为室外设计温度(℃);ρ_0 为空气温度为零度时的空气密度,取 1.29 kg·m^{-3};t_i 为室内设计温度(℃)。

最大热负荷为上两式之和:

$$Q = Q_t + Q_v$$

二、标准温室的选取

书中计算所参考的温室,是根据专家意见,在调查了南北方连栋温室的运行效果基础上,以地面积 5000 m^2 左右,北方区为玻璃温室、南方区以薄膜温室为标准。

1. 玻璃温室

Venlo 型温室,跨度 6.4 m,开间 4.0 m,檐高 3.5 m,每跨 2 个小屋面,每个小屋面跨度 3.2 m,高度 0.8 m,整个温室共 10 个开间、20 跨。

温室地面积:

$$A_s = 4 \times 10 \times 6.4 \times 20 = 5120 (\text{m}^2)$$

温室表面积:

$$A_f = 3.5 \times 4 \times 10 \times 2 + [6.4 \times 3.5 \times 2 + 4 \times (0.5 \times 3.2 \times 0.8) +$$
$$4 \times 4 \times 10 \sqrt{0.8^2 + 1.6^2}] \times 20 = 7003 (\text{m}^2)$$

温室体积:

$$A_v = (3.5 + 0.4) \times 40 \times 6.4 \times 20 = 19968 (\text{m}^3)$$

2. 薄膜温室

　　拱圆形塑料温室,跨度 8.0 m,开间 3.0 m,檐高 4.0 m,拱面矢高 1.5 m,整个温室共 12 个开间、18 跨。

温室地面积:

$$A_s = 3 \times 12 \times 8.0 \times 18 = 5184 \, (\text{m}^2)$$

温室表面积:

$$A_f = 4.0 \times 3.0 \times 12 \times 2 + (8.0 \times 4.0 \times 2 + 2 \times 8.27$$
$$+ 8.69 \times 3.0 \times 12) \times 18 = 7369 \, (\text{m}^2)$$

温室体积:

$$A_v = 21772 \, (\text{m}^3)$$

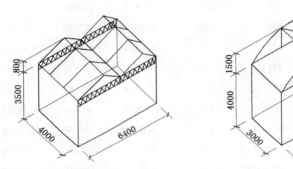

图 3-1　参考温室单元结构图(左图为玻璃温室,右图为薄膜温室)(单位:mm)

三、我国主要城市连栋温室设计热负荷

　　表 3-3 为我国主要城市最大热负荷比较,由表可见:一是玻璃的最大热负荷小于塑料薄膜,由于玻璃温室不能设计大通风窗,故使南方夏季蓄热严重,塑料温室更适宜南方发展,而北方恰恰相反;二是最大热负荷由北向南逐渐减少,冬季采暖设备投资越往北越高。哈尔滨、乌鲁木齐、长春、呼和浩特和沈阳都为高值区,玻璃温室单位面积最大热负荷分别为 344、299、291、277 和 262 W。全国 202 站点玻璃温室和薄膜温室的最大热负荷见附录 2。

表 3-3　我国主要城市最大热负荷比较

站名	单层玻璃＋镀铝薄膜保温幕一层				单层塑料＋镀铝薄膜保温幕一层			
	传热热损失	冷风渗透	最大热负荷	单位面积最大热负荷	传热热损失	冷风渗透	最大热负荷	单位面积最大热负荷
	/W	/W	/W	/W·m^{-2}	/W	/W	/W	/W·m^{-2}
北　京	700432	202234	902666	176	719432	220513	939946	181
天　津	674490	194001	868491	170	692787	211536	904322	174
石家庄	700432	202234	902666	176	719432	220513	939946	181
太　原	778257	227318	1005575	196	799369	247864	1047233	202
呼和浩特	1110384	306194	1416579	277	1146771	333869	1480640	286
沈　阳	1053442	288177	1341619	262	1087962	314224	1402186	270
长　春	1167327	324503	1491830	291	1205580	353833	1559413	301

站名	单层玻璃＋镀铝薄膜保温幕一层				单层塑料＋镀铝薄膜保温幕一层			
	传热热损失	冷风渗透	最大热负荷	单位面积最大热负荷	传热热损失	冷风渗透	最大热负荷	单位面积最大热负荷
	/W	/W	/W	/W·m^{-2}	/W	/W	/W	/W·m^{-2}
哈尔滨	1400334	362024	1762358	344	1453435	394746	1848181	357
上　海	447072	138081	585152	114	456425	150561	606986	117
南　京	517662	161686	679348	133	528492	176300	704792	136
杭　州	447072	138081	585152	114	456425	150561	606986	117
合　肥	517662	161686	679348	133	528492	176300	704792	136
福　州	305891	92415	398306	78	312291	100768	413058	80
南　昌	447072	138081	585152	114	456425	150561	606986	117
济　南	648548	185830	834378	163	666141	202626	868767	168
郑　州	564722	177721	742443	145	576536	193784	770321	149
武　汉	541192	169673	710865	139	552514	185009	737523	142
长　沙	470602	145890	616492	120	480447	159077	639524	123
成　都	376481	114996	491477	96	384358	125390	509747	98
重　庆	329421	99887	429308	84	336313	108915	445228	86
贵　阳	470602	145890	616492	120	480447	159077	639524	123
昆　明	400011	122634	522645	102	408380	133718	542098	105
拉　萨	648548	185830	834378	163	666141	202626	868767	168
西　安	648548	185830	834378	163	666141	202626	868767	168
兰　州	752315	218892	971208	190	772724	238677	1011400	195
西　宁	856083	252991	1109074	217	879306	275858	1155164	223
银　川	996499	270445	1266944	247	1029153	294889	1324043	255
乌鲁木齐	1195799	333769	1529568	299	1234984	363937	1598920	308

第三节　连栋温室期间热负荷的计算

　　"期间热负荷"术语来自日本,三原义秋(1978)、冈田益己(1977)、古在豊树(1982)等学者在此方面做了大量研究工作,总结出使用度时(degree-hour)计算期间热负荷的不同方法,日本农业气象学会设施园艺部会的提案,推荐使用林真纪夫和古在豊树的算法,并编入日本《设施园艺手册》指导生产实践,其重要意义是把温室实际采暖负荷的变化,精确到以小时计算。

　　我国20世纪80年代引入了日本期间热负荷计算方法,采用的是三原义秋的算法,三原义秋在计算度时虽考虑了日照时数,但在提案中未被推荐使用。我国实际采暖耗热多以月为单位做粗略估计,刘建禹等(2001)用度日法,使日光温室的耗热计算精确了一步。以色列 Ido Seginer 和美国 Bryan M. Jenkins(Ido Seginer et al,1987)合作研究,也提出一种用日最高和最低温度计算热度日,估计年耗热和各种短期耗热的方法。由于白天和夜间的热平衡方程截然不同,故作者认为,计算耗热量必须将白天和夜间分开,若温室进行变温管理,这种区分就更有必要,因此,以度时计算耗热更具科学性。由于计算期的不同,分为日热负荷、月热负荷及年热负荷。

一、夜间的热负荷(Q_{nt})

夜间采暖负荷 Q_{nt}(kJ·d^{-1})表示为:

$$Q_{nt} = A_c q_{hn} + A_s q_{sn} \tag{3-1}$$

式中,q_{hn}为单位面积围护结构的放热负荷(单位面积围护结构的传热负荷和缝隙换气传热负荷之和,kJ·m^{-2}·d^{-1});A_c为覆盖材料或围护结构的面积(m^2);q_{sn}为单位床面积的地中传热负荷(kJ·m^{-2}·d^{-1}),当热流方向由地表向上,为负值,向下,为正值;A_s为地面积(m^2)。

q_{hn}用度时法来求:

$$q_{hn} = h_{hn} \cdot DH_{nt} \tag{3-2}$$

式中,h_{hn}为夜间的放热系数(kJ·m^{-2}·h^{-1}·℃$^{-1}$);DH_{nt}为夜间的度时值(℃·h^{-1}·d^{-1})。

$$DH_{nt} = \int_{\omega_1}^{\omega_2} (t_i - t_0) dt$$

式中,ω_1为日落时间,ω_2为日出时间,t_i为室内设定气温,t_0为室外气温。

A_s、q_{sn}的确定:地中传热负荷的大小与土壤含水量、有机质含量、地面有无覆盖及地温的高低等诸多因素有关,日本采用估计参考值计算,q_{sn}的估计参考值见表 3-4,正号表示增加热负荷,负号表示减少热负荷,以内差法确定。

表 3-4　q_{sn}的估计参考值

室内外气温差 ($t_i - t_o$)/℃	无保温覆盖 q_{sn}/kJ·m^{-2}·d^{-1}		有保温覆盖 q_{sn}/kJ·m^{-2}·d^{-1}	
	南方暖地	北方寒地	南方暖地	北方寒地
10	−23	−17	−17	−16
15	−16	−6	−6	0
20	0	6	6	16

二、白天的热负荷(Q_{dt})

白天采暖负荷 Q_{dt}(kJ·d^{-1})表示为:

$$Q_{dt} = A_c q_{hd} - A_s q_{sun} \tag{3-3}$$

式中,q_{hd}为白天单位覆盖面的放热负荷(kJ·m^{-2}·d^{-1});q_{sun}为单位床面室内吸收日射量对热负荷减轻的部分(kJ·m^{-2}·d^{-1})。同样,q_{hd}也可采用度时法来求:

$$q_{hd} = h_{hd} DH_{dt} \tag{3-4}$$

式中,h_{hd}为白天的放热系数(kJ·m^{-2}·h^{-1}·℃$^{-1}$),如果白天和夜间的覆盖条件相同,则$h_{hn} = h_{hd}$;DH_{dt}为白天的度时(℃·h^{-1}·d^{-1})。

$$DH_{dt} = \int_{\omega_1}^{\omega_2} (t_i - t_0) dt$$

式中,ω_1为日出时间;ω_2为日落时间。

q_{sun}求算:太阳辐射进入温室中,主要转变为三部分的能量:土壤吸收、作物吸收进行蒸散

及光合作用、转化成显热部分和转化为显热的部分即为太阳辐射对白天热负荷的减轻部分,由下式决定:

$$q_{sun} = \int_{\omega_1}^{\omega_2} q(t) \, dt \tag{3-5}$$

式中,ω_1 为日出时间;ω_2 为日落时间;$q(t)$ 为室内转化成显热的太阳辐射量(kJ·m^{-2}·d^{-1})。关于太阳辐射进入室内转化成显热的量,日本的古在豊树等(1982)、法国的 T. Hölscher (1990)和澳大利亚 Garzoli(1989)从不同的角度得到了 $q(t)=0.5q_{os}$,q_{os} 为单位时间室外的太阳辐射量(kJ·m^{-2}·d^{-1})。所以,白天太阳辐射对热负荷的减轻量,大约为室外辐射的 0.5 倍。

三、不同时期的热负荷及耗热量

全天的热负荷 Q_d 为夜间的热负荷 Q_{nt} 与白天的热负荷 Q_{dt} 之和:

$$Q_d = Q_{nt} + Q_{dt} \tag{3-6}$$

每月的热负荷 Q_m 由每天的进行累计:

$$Q_m = \sum_{i=1}^{30(31)} Q_{di} \tag{3-7}$$

每年的热负荷 Q_y 由每月的进行累计:

$$Q_y = \sum_{i=1}^{n} Q_{mi} \tag{3-8}$$

式中,n 为加温月数。

由整个加温时段(采暖期)的期间热负荷,计算耗热量:

$$V_f = Q_h / B_o \eta \tag{3-9}$$

式中,V_f 为燃料的消费量(L/期间,kg/期间),Q_h 为期间热负荷,kJ·h^{-1};B_o 为燃料的发热量,本书取 23000 kJ·kg^{-1};η 为热利用效率,采用热风加温取值为 0.7~0.85,热水加温为 0.5~0.7,取 0.6。

四、度时值的理论推导

由室外每隔 1 h 的气温资料来计算温室日采暖负荷、月负荷及年负荷,工作量大,计算烦琐,日本设施园艺协会推荐使用以下算法。

1. 夜间温室度时

$$T_i \geqslant (7T_h + 5T_l)/12$$
$$DH_{nt} = 14T_i - (49T_h + 119T_l)/12 \tag{3-10}$$
$$T_i < (7T_h + 5T_l)/12$$
$$DH_{nt} = 12(T_i - T_l)^2/(T_h - T_l) \tag{3-11}$$

式中,T_i 为温室设定室温(℃);T_h 为室外日最高气温(℃),以最近 30 年累年各月日最高气温的月平均值计算;T_l 为室外日最低气温(℃),以 30 年各月日最低气温的月平均值计算。

2. 白天温室度时

$$T_i \geqslant (7T_h + 5T_l)/12$$
$$DH_{dt} = 10T_i - (95T_h + 25T_l)/12 \tag{3-12}$$

$$T_i < (7T_h + 5T_l)/12$$
$$DH_{nt} = 0 \qquad\qquad\qquad (3\text{-}13)$$

所以,由温室设定室温、室外日最高气温和室外日最低气温通过(3-10)~(3-13)式计算白天及夜间度时值,由(3-1)~(3-5)式计算白天及夜间的热负荷,由(3-6)~(3-8)式计算不同时期的热负荷,不同期间的耗煤或耗油量则由(3-9)式决定。

在使用上述算法时,有一个前提,即将采暖期(12、1、2月)平均夜长视为 14 h,我国大部分地区(除南方)温室采暖在 1、2、3、11 和 12 月 5 个月,通过计算各地各月平均夜长,做 5 个月的平均,发现夜长时间在 14 h 左右,说明可以用上式度时算法计算温室耗煤量,至于采暖期在 6 个月以上的地区,连栋温室发展意义不大。

第四节　连栋温室最大热负荷分布分析

通过以上相关数据资料分析看出,在全国范围内,最大热负荷的分布存在极大差异,北方大,南方小,也是通过确定我国连栋温室室外设计温度,计算分析了室外设计温度在全国的分布状况,进而计算连栋温室最大热负荷,得出较为翔实和相对科学的最大热负荷分布情况。

一、参考温室的选取

从目前中国连栋温室运行效果情况看,北方以保温性较好的 Venlo 型玻璃温室、南方以通风降温效果较好的拱圆形塑料温室运行效果好,且温室过大环境条件难以控制,过小则难成规模。所以计算能耗的参考温室,是在调查了南北方连栋温室运行效果基础上,根据专家意见,以温室地面积为 5000 m² 左右,北方区为玻璃温室、南方区以薄膜温室为标准计算而得。以青藏高原的东南边缘向东经秦岭、淮河一线以南地区称为南方地区,以北为北方区,界限以一年中最冷月份的 30 年平均温度为划分标准,>0 ℃为南,≤0 ℃为北。

玻璃温室为 Venlo 型温室,单跨 6.4 m,共 20 跨,开间 4.0 m,共 10 个开间,每跨 2 个小屋面,每个小屋面跨度 3.2 m,高度 0.8 m,檐高 3.5 m。温室地面积 5120 m²,温室表面积 7003 m²,温室体积 19968 m³。薄膜温室为拱圆形塑料温室,单跨 8.0 m,共 18 跨,开间 3.0 m,共 12 个开间,檐高 4.0 m,拱面矢高 1.5 m。温室地面积 5184 m²,温室表面积 7369 m²,温室体积 21772 m³,温室单元结构图见图 3-1。

二、室外设计温度分布情况

采用当地 30 年历年逐日平均气温资料,取最低日平均温度,和当地 30 年累年最冷月平均温度作为基本值确定连栋温室采暖室外设计温度,即将 0.85 倍的最低日平均温度与 0.15 倍的最冷月平均温度之和取整得到连栋温室室外设计温度。

我国主要大城市冬季室外设计温度值见表 3-2,由表可见,通过 30 年累年最冷月气温的修订确定的室外设计温度一般都介于 30 年最低日平均温度和历年不保证一天最低日平均温度(建筑设计空气调节温度)之间,如北京的空气调节温度为 −10 ℃,30 年最低日平均温度为 −12.8 ℃,则室外设计温度确定为 −12 ℃。室外设计温度比空气调节温度普遍低 2~4 ℃,比 30 年最低日平均温度高 1 ℃左右。

图 3-2 为本书计算出的全国 202 个站点连栋温室室外设计温室分布图,可见:

1. 在全国范围内,室外设计温度的变化很大,从东北北部-40 ℃以下(最小值为黑龙江的漠河,为-44 ℃)到南方部分地区的 0 ℃以上(最大值为海南东方,为 10 ℃),南北相差50 ℃以上;

2. 我国内蒙古的东北部、黑龙江大部分地区、新疆的北疆地区及青海的部分地区冬季采暖室外设计温室都在-30 ℃以下,若在这些地区建造连栋温室其采暖容量和设备投资都必须相当大,所以连栋温室建造不实际;

3. 南方室外设计温度大于 0 ℃的地区,采暖设备投资较少,可在冬季寒冷季节临时加温或不加温。

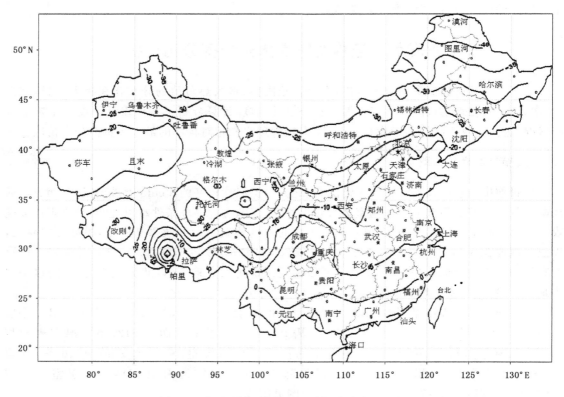

图 3-2　我国连栋温室室外设计温度分布图(℃)

三、最大热负荷分布分析

图 3-3 为本书计算出的全国 202 个站点连栋温室最大热负荷分布图(为便于比较,南北方都采用玻璃温室的最大热负荷作图)。分析可得:

1. 在全国范围内,最大热负荷的分布存在极大差异,北方大,南方小;

2. 全国的高值中心分别出现在黑龙江北部、内蒙古东北部、新疆北疆及青海的部分地区,最大热负荷都在 300 W·m^{-2}以上,内蒙古的图里河、海拉尔、阿尔山等地分别高达 420、400、416 W·m^{-2},不适宜连栋温室发展;

3. 南方大部分地区最大热负荷在 140 W·m^{-2}以下,虽然南方冬季供暖所需费用较北方少,但夏季温室蓄热严重,这是南方温室发展的主要限制性因子,在此不做讨论;

4. 我国内蒙古的东北部、黑龙江大部分地区、新疆的北疆地区及青海的部分地区冬季采暖室外设计温度都在−30 ℃以下，如果在这些地区建造连栋温室，其采暖容量和设备投资过大，所以连栋温室建造不实际。

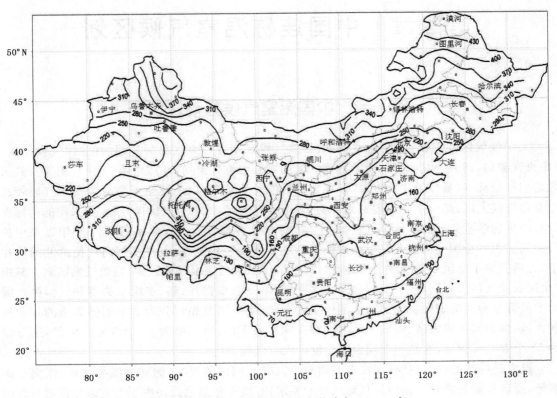

图 3-3　我国连栋温室最大热负荷分布(W·m⁻²)

第四章　中国连栋温室气候区划

第一节　中国温室气候区划现状

　　关于气候区划工作,我国开展较早,自然气候区划有中央气象局所编的《中国气候图集》(中央气象局,1966)和《中华人民共和国气候图集》(中央气象局,1979),用≥10 ℃积温及其天数为主导指标,以最冷月平均气温、年极端最低气温为辅助指标,把全国划分为 9 个气候带、1个高原气候大区;结合用干燥度共划分为 18 个气候大区和 36 个气候区,由于所采用的指标有较好的生物学意义,因此,这个气候区划是进行农业各种区划的较好基础。1979 年以来中央气象局组织了全国性的农业气候资源调查与农业气候区划工作,在许多部门单位的共同协作下,先后完成了全国农业气候区划、农作物气候区划、种植制度气候区划、畜牧气候区划。其中"全国农业气候区划"分区系统的农业意义明确,第一级根据光、热、水组合类型和气候生产潜力的显著差异而确定大农业部门不同的发展方向,将全国首先划分为 3 个不同类型的农业气候大区,即东部季风大区、西北干旱大区和青藏高寒大区,第二级为 15 个农业气候带,第三级为 55 个农业气候区,这是一个较全面系统的农业气候分区。

　　温室是特殊的农业建筑,在很多方面与建筑有着同样的要求,例如采暖与通风、保温与隔热等,所以气候条件对其影响及其对气候的要求,有很多相似之处。由于温室透光覆盖材料的热惰性较差,几乎无蓄热能力(除日光温室),外界温度的变化在很短时间内就会影响到温室内温度的变化。因而气候对温室的影响程度及温室对气候条件的要求又同民用建筑不同。在《民用建筑设计标准规范实施手册》中,已对中国建筑进行气候区划,目的为建筑气候参数的选用、防止气候对建筑的不利影响及合理利用气候资源提供依据。在第一级区划中,以 1 月平均气温和 7 月平均气温为主导指标,日平均气温小于某度的持续日数和降水量等辅助指标将建筑气候区划为 7 个一级区,在各一级区内,根据各区的不同特点,进一步划分为 20 个二级区。

第二节　综合因子和主导因子法计算分区

　　温室气候区划的目的是为区分不同地区气候条件对温室生产影响的差异性,明确在不同地区对温室生产的基本要求,同时提供与温室设计等相关的气候参数,从总体上做到合理利用气候资源,避免气候对温室生产的不利影响。区划的方法采用综合因子法和主导指标法相结合的原则。一级区划采用综合因子原则。二级区划采用主导指标原则,选取的指标是一级区内地域差异较大且对温室生产有明确意义,特别是能指示能源消耗的指标,通过指标的等值线走势分析确定边界。

一、区划指标的选择及处理

指标问题是区划工作中最关键、最核心的问题,气候区划的指标一方面要能够反映气候的特征,另一方面又要能够反映温室的要求。在设施园艺生产中,气候环境对温室的作用可以概括为两个方面。

一是温室生产所在区域的大气候环境,主要有:①影响温室结构类型和建筑参数。如光、温条件对设施几何尺寸、采光、通风设置要求;设计温室荷载时考虑风、雪压力的影响;②温室生产运行方式。特别是基于能耗的采暖和制冷负荷,都取决于当地冷季和热季的气温和相对湿度;③温室生产栽培模式。如作物的种类、品种和种植制度等;区域气候环境还是微气候形成的背景。

二是温室内独特的微气候环境对作物生长发育和产量的影响。但温室微气候是可控的,是在外界气候作用下产生的,所以区划只能对大气候环境进行划分,并且选择那些对温室生产起主要作用的气候因子作为分区指标。

考虑到影响温室生产的气候因子是多方面的,如果以每一个指标进行分区,区域的划分将会十分凌乱,乃至无法进行。所以在一级区划中,利用综合因子法将选取的影响温室生产的所有气候指标表达的信息集中起来,这种方法能从总体上反映气候对温室的影响,而不是一两个要素。

（一）区划指标的选择（初始指标集）

尽管还没有一套完善的评价温室生产气候因子的标准指标体系,但我们知道,气候对温室生产的影响,一方面要在温室设计建造时充分考虑;另一方面,也要在温室生产运行过程中加以考虑。在建造时,温室的建筑结构类型、环境调控的设置应有不同的特点和要求,以适应各地不同的气候条件。寒冷的北方,温室要强调保温和防寒;炎热多雨的南方,要注意通风、遮阳、隔热以利于降温除湿;沿海地区还要注意防台风和暴雨;高原地区要考虑强烈的日照、气候干燥和多风沙等。而温室生产运行中的温、光、水、气、肥中的温度和光照条件,在设施环境五大因素中地域差异相对较大;对蔬菜生长起关键性作用的水、气、肥可以做到人为调节。由此可知,影响温室发展的气候因子不是单一的,而是多因素的综合,这就决定了温室的气候区划是多指标的综合区划。所以第一级区划中只对大气候环境进行划分,并且选择对设施园艺发展起主要作用且易操作的气候因子作为分区指标。

1. 冬季太阳辐射和光照情况:太阳辐射是温室内光、热的重要来源。冬季太阳辐射和日照时数的大小直接影响室内获取能量的多少和温度的高低,并对蔬菜品质、产量的好坏有重要影响。在温室设计中,对设施的几何尺寸、采光设计、通风设计起作用。

2. 当地冷季的气温:它不但是决定着冬季设施内叶菜能否安全越冬、果菜是否种植,也直接影响加温能耗的大小和运行成本的高低,并对温室设计的采暖及保温有影响。

3. 最热月的气温和相对湿度:夏季设施内蓄热严重,温湿度过高会抑制蔬菜的生长并易引起病虫害,对温室设计制冷负荷和降温有影响。

4. ≥10 ℃积温:积温是反映热量最直观的指标,≥10 ℃积温代表作物露地栽培中生长季的长短(刘建禹 等,2001);设施栽培具有"温室效应",虽然同一地区设施内植物要求的生长积温低于露地,但两者有正相关性。

5. 风压、雪压:温室是特殊的建筑,应该考虑到特殊情况下的安全性,即风压、雪压对设计荷载的影响。在选择风、雪压指标时,我们采用 30 年平均最大风速和 30 年一遇最大积雪深度两个气候指标表达,因为最大风速和积雪深度直接与基本风、雪压力的大小有关。

6. 晴、阴天日数:温室应建在晴天日数多的地区,阴雨天多的地区即使冬季气温并不太低,作物也难获高产。

根据上述 6 个气候因子,我们选择了 22 个气候指标作为初始指标集(表 4-1)供进一步处理。

表 4-1　初选指标集

初选指标集	
1. 年太阳总辐射/MJ·m⁻²	12. 1 月平均气温/℃
2. 冬季(12、1、2 月)太阳辐射/MJ·m⁻²	13. 年极端最低气温/℃
3. 1 月太阳辐射/MJ·m⁻²	14. 夏季(6、7、8 月)平均气温/℃
4. 年日照时数/h	15. 7 月平均气温/℃
5. 冬季(12、1、2 月)日照时数/h	16. 夏季(6、7、8 月)相对湿度/%
6. 1 月日照时数/h	17. 7 月相对湿度/%
7. 年日照百分率/%	18. 年晴天日数/d
8. 冬季(12、1、2 月)日照百分率/%	19. 年阴天日数/d
9. 1 月日照百分率/%	20. 30 年一遇最大风速/m·s⁻¹
10. 年平均气温/℃	21. 30 年一遇最大积雪深度/cm
11. 冬季(12、1、2 月)平均气温/℃	22. ≥10 ℃积温/℃·d

为了保证区划的客观性,在选择上述因子时,我们尽量做到全面、系统,是为了便于进行多指标综合评价,即将被评价事物的多个指标加以综合处理,对被评价事物做出整体性评价。它不但弥补了单项指标的不足,而且也兼顾到全面、可比、可操作性原则。多指标综合评价的基本作用在于弥补单项指标的不足,便于被评价对象在不同时间或空间的整体性比较和排序,而且能确保分区边界明晰,避免分区紊乱。

(二)我国南北区域的划分

我国设施园艺发展的历史表明,由于气候条件的差异,使南北方不论在设施类型、栽培方式、品种选育以及茬口安排上都存在很大的不同;从气候角度讲,北方大部地处内陆,属大陆性气候,冬季寒冷干燥,而南方大部分属于季风性气候,天气以温暖湿润为主;设施类型北方以塑料大棚和日光温室为主,南方以塑料中棚、遮阳防雨棚为主。对大型连栋温室我国北方高寒地区冬季严寒漫长,加温能耗大,且大风频繁,积雪多,强度要求高。南方冬季具有相对优越的热量条件,故加温能耗低,大型温室的运行成本低,但同时也存在着夏季高温烈日、高湿等不利因素,降温和除湿是实现温室周年利用的关键;此外,沿海地区的台风暴雨,及冬季局部地区积雪都对设施的安全性造成影响。气候条件的差异决定了我国南北方设施园艺生产应具有不同的发展方向,也决定了南北方指标的侧重点不同,所以有必要对南方和北方设施园艺生产分别单独做出区划,为我国南北方保护地生产的区域化和标准化以及栽培技术规范化提供气候依据。

南北方区的划分是以青藏高原的东南边缘向东经秦岭、淮河一线以北称为北方地区,此线以南为南方地区;界限以一年中最冷的 1 月的 30 年平均温度为划分标准,>0 ℃为南,≤0 ℃

为北。北方区主要包括黑龙江、吉林、辽宁、北京、天津、河北、山东、山西、陕西大部（秦岭以北）、河南北部、甘肃的陇中和河西走廊、内蒙古、新疆、宁夏、青海、西藏以及四川西北部的甘孜藏族自治州、阿坝藏族自治州。南方区主要包括江苏、安徽、上海、浙江、湖北、湖南、江西、福建、广西、广东、海南、云南（除位于西北部的迪庆藏族自治州）、贵州、重庆、四川东南部盆地、陕西秦岭以南部分地区、甘肃陇南部分地区以及河南南部。

气候区划资料来源于 1971—2000 年 30 年的平均地面气候资料,气象参数统计时间越长,所获得的气候参数值就越稳定,概率性就更强,因此也就更具代表性。世界气象组织规定,30年记录为得出稳定气象特征的最短年限,故本区划选用了 1971—2000 年 30 年的平均气候资料值。在全国选择 194 个代表样点和 118 个判别样点(判别样点分别取自分区后的各边界附近,用以通过判别分析判断边界走势)。其中北方区代表样点 122 个、南方区 72 个,图 4-1 为194 个代表样点,从代表样点的分布可以看出它们能反映全国各地的气候类型。

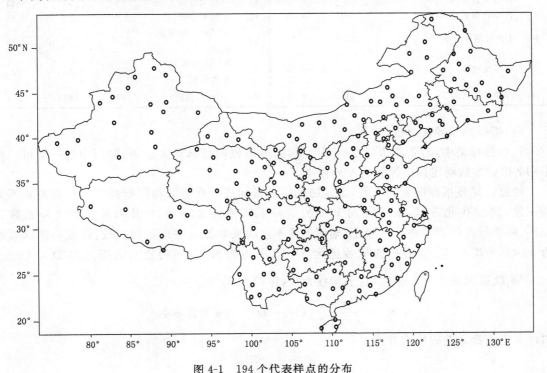

图 4-1　194 个代表样点的分布

1. 区划指标的筛选

(1)指标地域差异分析

首先对初选指标进行空间变异分析,以确保指标具有地域差异,地域差异明显的指标对于区域的划分具有鲜明的分辨率,通常用各因子的空间变异系数(C_v)来区分指标空间分辨率的强弱:

$$C_v = \frac{s}{|\bar{x}|} \times 100\%$$

$$s = \sqrt{\frac{1}{n-1}\sum_{i=1}^{n-1}(x_i - \bar{x})^2}$$

$$\bar{x} = \frac{1}{n}\sum_{i=1}^{n} x_i$$

式中,s 为标准差,$\bar{x}$ 为均值,n 为样本个数,区域分布明显的指标,则变异系数大。通过计算各指标 194 个站点的变异系数,舍去<20%的指标(表 4-2)。

表 4-2　原始指标分辨力分析

序号	指标	均值	标准差	变异系数	序号	指标	均值	标准差	变异系数
1	太阳总辐射	5256	793	0.15	12	1 月平均气温	−4.4	11	2.46
2	冬季太阳辐射	810	19	0.24	13	年极端最低气温	−21.7	14	0.63
3	1 月太阳辐射	260	7	0.25	14	夏季平均气温	22.4	5	0.22
4	年日照时数	2414	547	0.24	15	7 月平均气温	23.4	5	0.21
5	冬季日照时数	499	150	0.30	16	夏季相对湿度	69	14	0.20
6	1 月日照时数	169	52	0.31	17	7 月相对湿度	71	14	0.20
7	年日照百分率	54	12	0.23	18	年晴天日数	73	32	0.43
8	冬季日照百分率	55	18	0.32	19	年阴天日数	116	56	0.48
9	1 月日照百分率	56	18	0.33	20	30 年一遇最大风速	22.9	6	0.25
10	年平均气温	10.5	7	0.65	21	30 年一遇最大积雪深度	21	18	0.83
11	冬季平均气温	−2.9	11	3.61	22	≥10 ℃积温	3934	1842	0.47

(2)指标间差异性分析

初始指标集中,若某两指标差异不明显,则表明该两指标相关显著,取其中之一即可。本书用 t 检验方法确定两指标间的差异程度。

经过计算各指标的变异系数,发现筛选后的指标还存在着两相同指标变异系数差别不大的现象,例如在北方区,夏季相对湿度的变异系数值为 22.5%,7 月相对湿度变异系数为 23%,两指标都代表了热季的湿度,则用各样本之间成对数据平均数的比较:假设一指标数据为 x_{1i},其平均数为 $\bar{x}_1$,另一指标数据为 x_{2i},其平均数为 $\bar{x}_2$,所得成对数据之差 $D_i = (x_{1i} - x_{2i})$,则 D_i 可以成为一个序列,其平均数为 $\bar{D}$,序列 D 的方差为:

$$S_D^2 = \frac{1}{n-1}\sum_{i=1}^{n}(D_i - \bar{D})^2 \quad (n \text{ 为样本数})$$

两样本平均数之差的平均方差:

$$S_{\bar{D}}^2 = \frac{S_D^2}{n}$$

其遵守自由度 $n_1 + n_2 - 1$ 的 t 分布,统计量为:$t = \dfrac{\bar{D}}{S_{\bar{D}}}$

根据统计假设检验,即可判断其平均数差异的显著性。如上例,经检验,夏季相对湿度同 7 月相对湿度差异不显著,选取 7 月相对湿度代表热季的湿度。

(3)主成分分析

分别将南北方均值化后的原始数据矩阵进行主成分分析,舍去载荷绝对值较小的变量(各主成分的载荷大小代表该指标对主成分所反映的实际意义的贡献大小。

经过上述三个步骤,北方初始指标集中 22 个指标筛选成 15 个指标,南方区筛选成 14 个指标(表 4-3)。

表 4-3　南北方筛选后的指标集

序号	北方区	序号	南方区
1	冬季总辐射(x_1)	1	冬季总辐射(x_1)
2	1 月总辐射(x_2)	2	1 月总辐射(x_2)
3	年日照时数(x_3)	3	年日照时数(x_3)
4	冬季日照时数(x_4)	4	冬季日照时数(x_4)
5	冬季日照百分率(x_5)	5	冬季日照百分率(x_5)
6	≥10 ℃积温(x_6)	6	≥10 ℃积温(x_6)
7	年平均气温(x_7)	7	冬季平均气温(x_7)
8	冬季平均气温(x_8)	8	1 月平均气温(x_8)
9	1 月平均气温(x_9)	9	年极端最低气温(x_9)
10	年极端最低气温(x_{10})	10	7 月平均气温(x_{10})
11	7 月平均气温(x_{11})	11	7 月湿度(x_{11})
12	7 月湿度(x_{12})	12	年平均晴天日数(x_{12})
13	年平均阴天日数(x_{13})	13	30 年一遇最大风速(x_{13})
14	30 年一遇最大风速(x_{14})	14	30 年一遇最大积雪深度(x_{14})
15	30 年一遇最大雪深度(x_{15})		

2. 指标的综合与降维

经筛选后的指标还存在相关及数目较多等问题,指标间的相关会造成变量之间相互干扰,信息重叠,使分区解释困难。我们通过主成分分析用少数几个不相关综合指标来简化较多的原始指标使之降维,且权数伴随数学变换自动产生,并使从原始数据中提取的信息量尽量多。

(1)主成分分析的步骤

①原始数据的无量纲化

在实际问题中,不同的变量往往有不同的量纲,在计算协方差矩阵时会存在"大数吃小数"的问题,所以要进行原始数据的无量纲化,本书选择均值化处理量纲问题:

$$x_{ij} = x'_{ij} / \bar{x}_j \quad (i = 1,2,\cdots,n; j = 1,2,\cdots,p)$$

其中,x'_{ij} 是原始数据,$\bar{x}_j$ 是第 j 个变量的均值。原始数据阵由 n 个样本 p 个变量组成(北方区 n 为 122,p 为 15;南方区 n 为 72,p 为 14)。

②计算协方差矩阵 V

$$v_{ij} = \frac{1}{n-1} \sum_{l=1}^{n} (x_{li} - \bar{x}_i)(x_{lj} - \bar{x}_j)$$

③求协方差阵 V 的特征值及特征向量

求 V 的 p 个特征根 $\lambda_1 \geqslant \lambda_2 \geqslant \cdots \geqslant \lambda_p \geqslant 0$ 及其相应的特征向量 $a_1, a_2, \cdots, a_p$,原始指标的第 i 个主成分为:$y_i = a_{i1}v_{i1} + a_{i2}v_{i2} + \cdots + a_{ip}v_{ip}$

④计算各主成分的方差贡献率 a_k 及累计方差贡献率 $a(k)$

第 k 个主成分 y_k 的方差贡献率 $a_k = \lambda_k / \sum\limits_{j=1}^{p} \lambda_j$

前 k 个主成分 y_k 的方差贡献率 $a(k) = \sum\limits_{q=1}^{k} \lambda_q / \sum\limits_{j=1}^{p} \lambda_j$

⑤选择主成分个数

前 k 个主成分累计方差贡献率 $a(k)$ 表示的是这 k 个主成分从原始指标 X 中提取的总的信息量。一般取累计贡献率 $85\% \sim 95\%$ 的前 k 个主成分或将每个特征值 λ_i 与 $\bar{\lambda}$ 比较，$\lambda_i > \bar{\lambda}$ 的即中选。

（2）计算过程分析

①两种无量纲化处理对原始数据信息的影响

原始数据中包含的信息由两部分组成：一部分是各指标变异程度上的差异信息，这由各指标的方差大小来反映；另一部分是各指标间的相互影响程度上的相关信息，这由相关系数矩阵体现出来。在许多应用研究中普遍采用标准化进行数据转化，但标准化使各指标的方差变为1，即协方差矩阵（与相关系数矩阵相等）主对角元素的值都为1，这就体现不出各指标变异程度上的差异信息。孟生旺（1992）提出用均值化方法来消除指标的量纲和数量级的影响，从均值化后的数据中提取的主成分能充分体现出原始数据所包含的两方面信息，即均值化后计算的协方差矩阵主对角元素的值为对应各指标变异系数的平方，它反映了各指标变异程度上的差异。下面以南方区为例说明，标准化后的相关系数矩阵 R 主对角线上的元素都为1，将各指标的变异程度同等对待，扼杀了不同指标的变异信息；由均值后的协方差矩阵 C 可以看出，主对角线上的元素不为1，它充分提取了各指标变异程度上的差异信息。

标准化后的相关系数矩阵为：

$$
R = \begin{pmatrix}
1.00 & 1.00 & 0.76 & 0.95 & 0.94 & 0.07 & 0.29 & 0.30 & 0.19 & -0.62 & 0.30 & 0.66 & 0.05 & -0.03 \\
1.00 & 1.00 & 0.76 & 0.95 & 0.93 & 0.09 & 0.31 & 0.32 & 0.21 & -0.60 & 0.29 & 0.66 & 0.06 & -0.05 \\
0.76 & 0.76 & 1.00 & 0.87 & 0.88 & 0.06 & 0.05 & 0.06 & -0.15 & -0.20 & 0.25 & 0.79 & 0.21 & 0.23 \\
0.95 & 0.95 & 0.87 & 1.00 & 1.00 & -0.05 & 0.11 & 0.12 & -0.02 & -0.56 & 0.33 & 0.80 & 0.06 & 0.12 \\
0.94 & 0.93 & 0.88 & 1.00 & 1.00 & -0.09 & 0.05 & 0.06 & -0.07 & -0.55 & 0.33 & 0.83 & 0.05 & 0.16 \\
0.07 & 0.09 & 0.06 & -0.05 & -0.09 & 1.00 & 0.91 & 0.90 & 0.77 & 0.45 & 0.09 & -0.35 & 0.37 & -0.68 \\
0.29 & 0.31 & 0.05 & 0.11 & 0.05 & 0.91 & 1.00 & 1.00 & 0.91 & 0.10 & 0.13 & -0.32 & 0.30 & -0.75 \\
0.30 & 0.32 & 0.06 & 0.12 & 0.06 & 0.90 & 1.00 & 1.00 & 0.91 & 0.08 & 0.14 & -0.32 & 0.30 & -0.74 \\
0.19 & 0.21 & -0.15 & -0.02 & -0.07 & 0.77 & 0.91 & 0.91 & 1.00 & 0.01 & 0.05 & -0.42 & 0.25 & -0.80 \\
-0.62 & -0.60 & -0.20 & -0.56 & -0.55 & 0.45 & 0.10 & 0.08 & 0.01 & 1.00 & -0.30 & -0.33 & 0.20 & -0.04 \\
0.30 & 0.29 & 0.25 & 0.33 & 0.33 & 0.09 & 0.13 & 0.14 & 0.08 & -0.30 & 1.00 & 0.17 & 0.07 & -0.13 \\
0.66 & 0.66 & 0.79 & 0.80 & 0.83 & -0.35 & -0.32 & -0.32 & -0.42 & -0.33 & 0.17 & 1.00 & -0.01 & 0.47 \\
0.05 & 0.06 & 0.21 & 0.06 & 0.05 & 0.37 & 0.30 & 0.30 & 0.25 & 0.20 & 0.07 & -0.01 & 1.00 & -0.12 \\
-0.03 & -0.05 & 0.23 & 0.12 & 0.16 & -0.68 & -0.75 & -0.74 & -0.80 & -0.04 & -0.13 & 0.47 & -0.12 & 1.00
\end{pmatrix}
$$

均值化后的协方差矩阵为：

$$C=\begin{pmatrix}
0.08 & 0.08 & 0.04 & 0.11 & 0.11 & 0.00 & 0.04 & 0.05 & -0.05 & -0.02 & 0.00 & 0.09 & 0.00 & -0.01\\
0.08 & 0.09 & 0.04 & 0.12 & 0.12 & 0.01 & 0.05 & 0.06 & -0.06 & -0.02 & 0.00 & 0.09 & 0.00 & -0.01\\
0.04 & 0.04 & 0.04 & 0.07 & 0.07 & 0.00 & 0.01 & 0.01 & 0.03 & 0.00 & 0.00 & 0.07 & 0.01 & 0.04\\
0.11 & 0.12 & 0.07 & 0.18 & 0.18 & 0.00 & 0.02 & 0.03 & 0.01 & -0.02 & 0.00 & 0.15 & 0.01 & 0.05\\
0.11 & 0.12 & 0.07 & 0.18 & -0.18 & 0.01 & 0.01 & 0.02 & 0.03 & -0.02 & 0.01 & 0.16 & 0.01 & 0.06\\
0.00 & 0.01 & 0.00 & & -0.01 & 0.05 & 0.10 & 0.12 & -0.15 & 0.01 & & -0.03 & 0.02 & -0.13\\
0.04 & 0.05 & 0.01 & 0.02 & 0.02 & 0.10 & 0.29 & 0.37 & -0.45 & 0.01 & & -0.08 & 0.00 & -0.35\\
0.05 & 0.06 & 0.01 & 0.03 & 0.02 & 0.12 & 0.33 & 0.39 & -0.53 & 0.01 & & -0.09 & 0.05 & -0.41\\
-0.05 & -0.06 & 0.03 & 0.01 & & -0.15 & -0.45 & -0.53 & 0.84 & & & 0.17 & -0.07 & 0.65\\
-0.02 & -0.02 & 0.00 & -0.02 & -0.02 & 0.01 & 0.01 & & & & & -0.02 & 0.01 & -0.01\\
0.00 & 0.00 & 0.01 & 0.01 & 0.01 & & & & & & & 0.02 & & -0.01\\
0.08 & 0.09 & 0.07 & 0.15 & 0.16 & -0.03 & & 0.17 & -0.02 & & & 0.20 & & 0.19\\
0.00 & 0.00 & 0.01 & 0.01 & & & 0.02 & 0.05 & & -0.07 & & & 0.08 & -0.03\\
-0.01 & -0.01 & 0.04 & 0.05 & 0.06 & -0.13 & -0.35 & -0.41 & 0.65 & 0.00 & -0.01 & 0.19 & -0.03 & 0.77
\end{pmatrix}$$

从均值化和标准化处理后主成分提取原始数据信息的不同也充分说明均值化优于标准化处理，以北方区为例说明（表 4-4）。

表 4-4　北方区无量纲化对比（λ 为特征值）

标准化（$\bar{\lambda}=1$）				均值化（$\bar{\lambda}=0.17$）			
主成分	特征值	方差贡献	累计贡献率	主成分	特征值	方差贡献	累计贡献率
主成分 1	5.17404	0.344936	0.34494	主成分 1	1.49596	0.583794	0.58379
主成分 2	3.75444	0.250296	0.59523	主成分 2	0.52539	0.205033	0.78883
主成分 3	2.83480	0.188987	0.78422	主成分 3	0.32433	0.176571	0.91540
主成分 4	1.15312	0.076874	0.86109	主成分 4	0.10985	0.042867	0.95826
主成分 5	0.80453	0.053635	0.91473	主成分 5	0.04618	0.018020	0.97628
主成分 6	0.72226	0.048150	0.96288	主成分 6	0.03308	0.012910	0.98919
主成分 7	0.24901	0.016601	0.97948	主成分 7	0.01025	0.004000	0.99320
主成分 8	0.10002	0.006668	0.98615	主成分 8	0.00713	0.002784	0.99598
主成分 9	0.08365	0.005577	0.99172	主成分 9	0.00453	0.001767	0.99775
主成分 10	0.06078	0.004052	0.99578	主成分 10	0.00264	0.001031	0.99878
主成分 11	0.04754	0.003169	0.99895	主成分 11	0.00158	0.000617	0.99939
主成分 12	0.00950	0.000633	0.99958	主成分 12	0.00088	0.000345	0.99974
主成分 13	0.00340	0.000227	0.99981	主成分 13	0.00049	0.000192	0.99993
主成分 14	0.00262	0.000175	0.99998	主成分 14	0.00012	0.000046	0.99998
主成分 15	0.00030	0.000020	1	主成分 15	0.00006	0.000022	1

由表 4-4 可见，北方区标准化后 15 个特征值的均值为 1，按 $\lambda_i > \bar{\lambda}$ 的原则应选前 4 个主成分，它们的累计方差贡献率为 86.11%。均值化方法进行无量纲处理，15 个特征值的均值为 0.17，按 $\lambda_i > \bar{\lambda}$ 的原则应选前 3 个主成分，它们的累计方差贡献率达到 91.54%，比标准化高 5.43 个百分点。从第一主成分提取的原始信息量的大小看，进行均值化处理后提取的信息比

标准化多 23.89 个百分点,即用均值化方法进行无量纲化处理,能用较小的主成分提取更多的原始信息。经对比计算,南方区也有相似的结果。所以采用均值化处理量纲问题是科学合理的。

书中北方区选取 4 个主成分(提取的原始数据信息量为 95.8%);南方区选取 3 个主成分(提取的原始数据信息量为 93.9%)。

②主成分的实际意义分析

表 4-5、4-6 分别为北方和南方区的主成分载荷矩阵。

由表 4-5 看出,北方区第一主成分与冬季温度($r=0.54$)、1 月温度($r=0.47$)有较强的正相关,与年平均气温呈负相关($r=-0.54$),由此可知,第一主成分可视为冬季及年平均气温的综合,某区第一主成分为正值,说明该区冬季及 1 月气温较高,反之,则说明该区年平均气温高;第二主成分与最大积雪深度有较强的正相关($r=0.93$);第三主成分主要与≥10 ℃积温及冬季温度呈正相关,与阴天日数呈负相关($r=-0.50$),是积温、温度和阴天日数的综合,分析得出,积温和夏季温度较高,则阴天日数少;第四主成分则是太阳辐射、日照状况和夏季湿度的综合。

由表 4-6 得出,南方区第一主成分代表了辐射、日照及晴天日数的综合,分析主成分的载荷矩阵发现,辐射强、日照时数及日照百分率高,则晴天日数较多,这和实际情况相符;第二主成分是冬季气温、≥10 ℃积温及最大积雪深度综合,分析得出年极端气温、年均气温和 1 月气温较高,且≥10 ℃积温较大,则最大积雪深度小;第三主成分与最热月气温($r=0.58$)和最大风速($r=0.54$)呈正相关,某地第三主成分为得分较高,说明本地 7 月气温较高,最大风速大。

通过计算各样本的主成分得分,得到各样本点的主成分得分矩阵 $Y_{n\times m}$(m 为主成分个数,北方 $n=122,m=4$;南方 $n=72,m=3$),每个主成分之间相互独立,以主成分的得分矩阵作为聚类分析的数据矩阵。

表 4-5　北方区主成分载荷矩阵

主成分	x_1	x_2	x_3	x_4	x_5	x_6	x_7	x_8	x_9	x_{10}	x_{11}	x_{12}	x_{13}	x_{14}	x_{15}
1	0.00	−0.06	0.02	0.01	0.03	−0.23	−0.56	0.54	0.47	0.21	−0.09	0.01	−0.07	0.04	0.24
2	−0.06	−0.12	−0.03	−0.08	−0.07	0.17	0.22	−0.06	−0.05	0.00	0.10	0.06	−0.02	−0.02	0.93
3	−0.05	−0.24	0.09	−0.03	0.01	0.47	0.35	0.30	0.31	0.10	0.31	−0.12	−0.50	0.02	−0.20
4	0.29	0.35	0.28	0.30	0.27	−0.05	−0.14	−0.05	0.06	−0.01	−0.08	−0.41	−0.50	0.22	0.17
5	0.11	−0.03	0.03	−0.26	−0.26	0.07	0.06	0.06	0.06	0.14	0.02	−0.66	0.41	0.46	0.00
6	−0.13	−0.13	0.08	0.02	−0.01	0.09	−0.04	0.09	−0.11	−0.02	0.44	0.18	0.84	0.03	
7	0.36	0.75	−0.08	−0.15	−0.19	0.23	0.11	0.13	0.17	0.09	0.09	0.33	0.08	0.05	0.01
8	−0.02	−0.08	0.10	0.13	0.09	0.09	0.04	−0.17	−0.15	0.93	−0.10	0.15	0.07	0.03	−0.03
9	0.15	−0.07	0.26	0.45	0.50	0.06	0.16	0.11		−0.15	0.13	0.10	0.53	0.13	0.02
10	−0.76	0.44	−0.26	0.20	0.14	−0.11	0.18	0.06		0.08	0.07	−0.17	0.03	0.06	0.02
11	0.27	−0.12	−0.19	−0.01	0.02	−0.71	0.53	0.01	0.24	0.11	0.15	0.06	−0.04	0.01	0.00
12	−0.27	0.11	0.83	−0.24	−0.21	−0.25	0.10	0.10		0.00	0.15	0.06	0.05		−0.01
13	0.06	−0.02	−0.08	0.06	0.00	−0.11	−0.26	0.18	−0.46	0.01	0.79	−0.01	0.01	0.00	0.00
14	−0.02	−0.02	0.06	0.06	−0.10	0.03	−0.28	−0.67	0.53	0.10	0.41	0.01	0.01	0.00	0.00
15	0.03	−0.06	0.01	0.70	−0.69	−0.02	0.03	0.13	−0.09	−0.02	0.03	0.01	0.00	0.00	0.00

表 4-6　南方区主成分载荷矩阵

主成分	x_1	x_2	x_3	x_4	x_5	x_6	x_7	x_8	x_9	x_{10}	x_{11}	x_{12}	x_{13}	x_{14}
1	0.40	0.40	0.36	0.41	0.41	−0.03	0.03	0.04	−0.01	−0.25	0.15	0.34	0.03	0.06
2	0.09	0.10	−0.01	0.01	−0.01	0.42	0.45	0.45	0.43	0.07	0.07	−0.18	0.16	−0.38
3	−0.09	−0.08	0.35	0.02	0.03	0.25	0.00	−0.01	−0.16	0.58	−0.19	0.21	0.54	0.24
4	−0.12	−0.13	−0.01	−0.04	−0.03	−0.01	−0.08	−0.07	−0.09	−0.06	0.90	−0.06	0.36	−0.02
5	−0.06	−0.05	0.19	0.03	0.01	0.27	0.03	0.03	0.15	0.46	0.32	0.12	−0.73	−0.03
6	0.10	0.08	−0.10	−0.05	−0.09	0.09	0.23	0.24	0.07	−0.09	0.10	−0.23	−0.09	0.87
7	0.00	0.08	−0.45	−0.07	−0.08	−0.12	0.03	−0.03	0.49	0.21	0.10	0.68	0.03	0.11
8	0.00	0.03	0.35	0.06	0.03	−0.28	−0.27	−0.22	0.66	0.26	0.05	−0.40	−0.05	0.07
9	0.37	0.37	−0.54	0.16	0.14	0.04	−0.14	−0.15	−0.22	0.42	0.03	−0.33	0.03	−0.07
10	−0.38	−0.40	−0.29	0.52	0.53	0.04	−0.03	−0.01	0.10	−0.07	−0.05	−0.02	0.01	0.09
11	−0.19	0.01	0.00	0.14	0.09	−0.73	0.34	0.43	−0.17	0.27	0.04	−0.03	0.01	−0.06
12	0.69	−0.70	−0.01	−0.05	−0.05	−0.12	0.03	0.03	0.02	0.07	0.01	0.03	0.00	−0.01
13	−0.08	0.08	0.00	−0.35	0.36	0.02	0.63	−0.58	0.03	0.03	0.01	0.01	0.01	−0.01
14	−0.02	0.04	−0.02	−0.61	0.60	0.02	−0.34	0.38	−0.02	−0.01	0.00	0.01	0.00	0.01

二、分区方法

(一)系统聚类分析

系统聚类分析法是目前在实际应用中使用最多的一类方法,它的原则决定于样本间的距离(或相似系数)及类间距离的定义,类间距离的不同定义就产生不同的系统聚类方法,它是将类由多变到少的一种方法。样品间的距离有闵科夫斯基距离、欧氏距离、兰氏距离、马氏距离、斜交空间距离以及用相似系数来表示,其中欧氏距离是聚类分析中应用最广泛的距离,但该距离与各变量的量纲有关,也没有考虑指标间的相关性,若原始数据经过无量纲处理以及各指标之间消除相关性,则有较好的效果。由于我们用主成分的得分矩阵作为原始数据,刚好满足了系统聚类中欧氏距离的要求,故选择系统聚类分析聚类,选择欧氏距离作为样本间距离。

类间距离主要有类平均法、重心法、中间距离法、最短距离法和离差平方和法等,在很多教材中推崇类平均法和离差平方和法。在本研究中,笔者分别在南方区和北方区用类平均法、中间距离法和离差平方和法进行聚类对比,由于北方区是大数据集(样本点大于100),所以同时在北方区利用适用于大数据集的动态聚类法(FASTCLUS)进行了尝试。

系统聚类基本步骤如下。

1. 数据变换

本书采用标准化变换以便同后面的判别分析相吻合:

$$z_{ij} = (x_{ij} - \bar{x}_j)/s_j \quad (i = 1, 2, \cdots, n; j = 1, 2, \cdots, m)$$

其中,$\bar{x}_j$ 是第 j 个主成分的均值,s_j 是第 j 个主成分的标准差。用主成分的得分矩阵作为原始数据阵进行聚类,由于做主成分分析时,已进行了无量纲化处理,用主成分的得分矩阵聚类时到底是否需要无量纲化处理,笔者在南方区和北方区分别将得分矩阵进行无量纲化和不无量纲化后聚类,发现应该选择无量纲化处理,从主成分的得分矩阵分析,不同的地区各主成分的得分高低不同,以此直接聚类,没有达到数据的归一,因而利用主成分的得分矩阵进行聚类分析必须进行数据变换。

2. 计算样本间的距离

将样本各自看成一类,并把样本的每个个体看作 m 维空间的一个点(m 为指标个数),距离 d_{ij} 相当于该空间中两点之间的距离,选用聚类分析中使用最广泛的距离欧氏距离进行计算,得到距离矩阵。

$$d_{ij} = \sqrt{\sum_{l=1}^{m} |y_{il} - y_{jl}|^2} \quad (i, j = 1, 2, \cdots, n)$$

3. 计算类间距离

类间距离我们在南北方分别采用中间距离法、类平均法和离差平方和法进行计算以便抽取共性,主要结果采用离差平方和法的计算结果。离差平方和法基于方差分析的思想,如果分类正确,则同类样本之间的离差平方和应当较小,不同类之间的离差平方和应较大。经对比发现,采用欧氏距离的离差平方和法聚类效果区域明显;类平均法只强调站点之间的相似性,区域效果不明显;快速聚类对处理大数据集的问题具有计算快、不需要画谱系图的优势,但需要事先输入需要分类的个数,在没有其他方法确定类个数的情况下,很难人为决定分几类。几种方法都将以云南为代表的南方 Ⅴ 区和以广州为代表的南 Ⅲ 区独立分离出来,说明这两个气候区相对独立,具有与其他区不同的气候特征。

4. 根据统计量确定分类个数

聚类分析中,类的个数如何确定是一个十分困难的问题,至今没有找到令人满意的方法。归纳起来,有三种方法:

①由适当的阈值(临界值)确定:根据谱系聚类图,人为规定一个临界相似性尺度,用于分割谱系图决定分类个数;

②根据数据点的散布图直观确定。但此法当指标数目较多时,难以直观确定;

③根据统计量确定分类个数。我们选取第三种方法结合谱系图分析决定类的个数,见表4-8。

表 4-7　南方区离差平方和法的最后并类过程

聚类数(N)	聚类点(CL)		样本数	半偏 R^2	R^2	伪 F	伪 t^2
10	CL15	CL61	10	0.01535	0.82779	33.1	10.0
9	CL10	CL41	14	0.018141	0.80965	33.5	7.3
8	CL16	CL40	8	0.025667	0.78398	33.2	11.3
7	CL21	CL11	17	0.038359	0.74562	31.8	16.2
6	CL14	CL17	10	0.043726	0.7019	31.1	10.0
5	CL13	CL7	33	0.056636	0.64526	30.5	16.4
4	CL8	CL9	22	0.135907	0.50936	23.5	31.1
3	CL4	CL5	55	0.145895	0.36346	19.7	20.0
2	CL3	CL12	62	0.17181	0.19165	16.6	18.5
1	CL2	CL6	73	0.191651	0	/	16.6

表 4-8　北方区离差平方和法的最后并类过程

聚类数(N)	聚类点(CL)		样本数	半偏 R^2	R^2	伪 F	伪 t^2
10	CL27	CL17	12	0.013743	0.83758	64.2	8.1
9	CL19	CL18	33	0.01524	0.82234	65.4	19.5
8	CL14	CL31	8	0.017712	0.80463	67.1	6.8
7	CL23	CL13	22	0.021785	0.78285	69.1	18.9
6	CL12	CL7	34	0.037372	0.74548	68.0	18.2
5	CL6	CL22	41	0.045812	0.69966	68.1	16.0
4	CL9	CL10	45	0.061444	0.63822	69.4	37.7
3	CL11	CL4	73	0.084358	0.55386	73.9	35.0
2	CL5	CL8	49	0.137681	0.41618	85.5	34.0
1	CL3	CL2	123	0.41618	0	/	85.5

表 4-7 和表 4-8 分别为南方区和北方区由离差平方和法聚为 10 类时产生的半偏 R^2、R^2、伪 F、伪 t^2 统计量。以南方区为例来说明分类效果:R^2 值越大说明某类越分开,本例支持 3、4、5 类;半偏 R^2 的值是上一步 R^2 与该步 R^2 的差值,故某步半偏 R^2 的值越大,说明上一步合并的效果好,本例支持 5 类;伪 F 值越大表示这些可显著地分为 NCL 个类,本例支持 5 和 4 类;由伪 t^2 统计量的定义知,其值越大说明上一次合并的两类是很分开的,本例支持 5 类。综合分析各统计量在并类过程中支持的类个数并结合第一种方法中的谱系图,分析实际情况,认为北方区分 4 类、南方区分 5 类较合适。

图 4-2、图 4-3 所示是南方区和北方区离差平方和法聚类的谱系示意图部分结果,限于篇幅,分别只列出其中一个区域的聚类图。

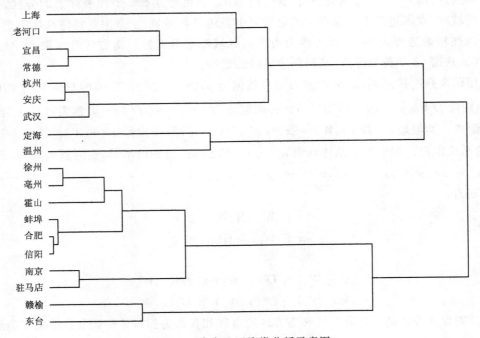

图 4-2　南方Ⅰ区聚类分析示意图

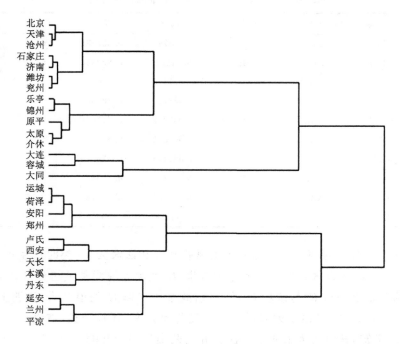

图 4-3　北方Ⅲ区聚类分析示意图

（二）判别分析

　　判别分析是用于判断样本所属类型的一种统计分析方法，它能在检验分区效果的同时，还对未判样点进行归类。通过聚类分析，获得南方 72 个和北方 122 个代表样点的分区，在确定各边界区域时，发现边界上的点对于确定边界走势还显得稀疏，于是决定将待判样本选在各边界附近以便精确边界走势，但以省界为边界的区域没采取此法。南方区共选取 65 个待判样点，北方区共选 53 个待判样点，来判断边界线的走势。

　　应用距离判别法判别：设 x 与 y 为来自均值为 μ，协方差阵为 $\Sigma>0$ 的总体 W 中的两个样品（点），则由 $D^2(x,y)=(x-y)'\Sigma^{-1}(x-y)$ 确定的 $D^2(x,y)=\sqrt{D^2(x-y)}$ 称为样品 x 与样品 y 的马氏距离。类似地，由 $D^2(x,W)=(x-\mu)'\Sigma^{-1}(x-\mu)$ 所确定地 $D(x,W)$ 称为样品 y 与总体 W 的马氏距离。如果两个总体均值 μ_1、μ_2 已知，Σ_1、Σ_2 已知但不等，则判别函数为：

　　$G(x)=D^2(x,W_2)-D^2(x,W_1)=(x-\mu_2)'\Sigma_2^{-1}(x-\mu_2)-(x-\mu_1)'\Sigma_1^{-1}(x-\mu_1)$

判别法则为：

$$\begin{cases} x\in W_1,\text{当}\ G(x)\geqslant 0 \\ x\in W_2,\text{当}\ G(x)<0 \end{cases}$$

或

$$\begin{cases} x\in W_1,\text{当}\ D^2(x,W_1)\leqslant D^2(x,W_2) \\ x\in W_2,\text{当}\ D^2(x,W_1)>D^2(x,W_2) \end{cases}$$

　　现分别以北方区的Ⅳ区和Ⅱ区和南方区的Ⅲ区和Ⅳ区为例讨论验证分区结果和边界点判别过程。

1. 北方Ⅳ区和北方Ⅱ区的判别

a 总体（北方Ⅳ区）和 b 总体（北方Ⅱ区）间的组间平方距离：

$$(\bar{x}_i - \bar{x}_j)' \, \text{cov}_j{}^{-1} (\bar{x}_i - \bar{x}_j)$$

组间平方距离为 35.50493，检验 $H_0 : \mu_1 = \mu_2$ 的 F 统计量为 27.89673，相应的 $p = 0.0001 <$ 0.01（当两总体均值靠得很近，则判错的概率 P 很大，这时做判别分析是没有意义的），说明 a、b 两区的特征有显著差异，讨论判别归类问题是有意义的。

线性判别函数为：

$$Y_1(x) = -2.37583 - 4.56468X_1 - 3.84034X_2 - 1.16835X_3 + 0.52757X_4$$

$$Y_2(x) = -7.83409 + 10.41402X_1 + 5.44829X_2 + 2.25049X_3 + 1.00588X_4$$

表 4-9 为回判结果。

表 4-9　北方Ⅳ区和Ⅱ区的回判结果

地区	原始结果	判别结果	判别信息	属于 a 的后验概率	属于 b 的后验概率
阿勒泰（北方Ⅳ区）	a	a		1	0
和布克赛尔（Ⅳ区）	a	a		0.9994	0.0006
富蕴（北方Ⅳ区）	a	a		1	0
克拉玛依（北方Ⅳ区）	a	a		1	0
精河（北方Ⅳ区）	a	a		1	0
奇台（北方Ⅳ区）	a	a		1	0
伊宁（北方Ⅳ区）	a	a		0.9997	0.0003
乌鲁木齐（北方Ⅳ区）	a	a		1	0
吐鲁番（北方Ⅱ区）	b	b		0	1
库车（北方Ⅱ区）	b	b		0	1
铁干里克（北方Ⅱ区）	b	b		0	1
若羌（北方Ⅱ区）	b	b		0	1
莎车（北方Ⅱ区）	b	b		0	1
和田（北方Ⅱ区）	b	b		0	1
安德河（北方Ⅱ区）	b	b		0	1
哈密（北方Ⅱ区）	b	b		0	1
阿拉山口	待判	a	*	1	0
托里	待判	a	*	1	0
北塔山	待判	a	*	0.9998	0.0002
温泉	待判	a	*	1	0
乌苏	待判	a	*	1	0
石河子	待判	a	*	1	0
昭苏	待判	a	*	1	0
巴仑台	待判	a	*	1	0
达坂城	待判	b	*	0.0568	0.9432

地区	原始结果	判别结果	判别信息	属于 a 的后验概率	属于 b 的后验概率
七角井	待判	b	*	0	1
巴音布鲁克	待判	a	*	1	0
巴里塘	待判	a	*	1	0
伊吾	待判	b	*	0.3239	0.6761

注:"*"代表待判样点在训练样点处出现。

在先验概率视为相等的情况下,总的误判比率为 0%。

2. 南方Ⅲ区和Ⅳ区的判别

组间平方距离为 14.47859,检验 $H_0: \mu_1 = \mu_2$ 的 F 统计量为 7.31973,差异显著,相应的 $p = 0.0014 < 0.01$,说明 a、b 两区的特征有显著差异,讨论判别归类问题是有意义的。

线性判别函数为:

$$Y_1(x) = -1.17167 - 2.39837X_1 - 2.08114X_2 + 1.67448X_3 - 0.66322X_4$$

$$Y_2(x) = -3.11183 + 5.38300X_1 + 1.75409X_2 - 1.41312X_3 - 0.35521X_4$$

表 4-10 为回判结果。

表 4-10 南方Ⅲ区和Ⅳ区的回判结果

站名	原始结果	判别结果	判别信息	属于 a 的后验概率	属于 b 的后验概率
韶关(南方Ⅳ区)	a	a		1	0
广州(南方Ⅳ区)	a	a		0.9653	0.0347
河源(南方Ⅳ区)	a	a		0.9828	0.0172
桂林(南方Ⅳ区)	a	a		0.9989	0.0011
河池(南方Ⅳ区)	a	a		0.9999	0.0001
桂平(南方Ⅳ区)	a	a		1	0
梧州(南方Ⅳ区)	a	a		0.9994	0.0006
龙州(南方Ⅳ区)	a	a		0.9924	0.0076
南宁(南方Ⅳ区)	a	a		0.9993	0.0007
钦州(南方Ⅳ区)	a	a		0.9868	0.0132
南平(南方Ⅳ区)	a	a		1	0
福州(南方Ⅳ区)	a	a		0.9998	0.0002
永安(南方Ⅳ区)	a	a		0.9997	0.0003
厦门(南方Ⅳ区)	a	b	*	0.4509	0.5491
汕头(南方Ⅲ区)	b	b		0.0144	0.9856
汕尾(南方Ⅲ区)	b	b		0.0094	0.9906
阳江(南方Ⅲ区)	b	b		0.0317	0.9683
海口(南方Ⅲ区)	b	b		0	1

续表

站名	原始结果	判别结果	判别信息	属于a的后验概率	属于b的后验概率
东方（南方Ⅲ区）	b	b		0	1
琼海（南方Ⅲ区）	b	b		0.0003	0.9997
佛岗	待判	a	*	0.9976	0.0024
高要	待判	a	*	0.9918	0.0082
惠来	待判	b	*	0.0023	0.9977
南澳	待判	b	*	0.0001	0.9999
信宜	待判	b	*	0.0045	0.9955
罗定	待判	a	*	0.9906	0.0094
深圳	待判	b	*	0.0151	0.9849
都安	待判	a	*	0.9996	0.0004
蒙山	待判	a	*	1	0
贺县	待判	a	*	1	0
那坡	待判	a	*	0.9908	0.0092
百色	待判	b	*	0.1669	0.8331
靖西	待判	a	*	0.9996	0.0004
田东	待判	a	*	0.9945	0.0055
来宾	待判	a	*	1	0
玉林	待判	a	*	0.9971	0.0029
东兴	待判	b	*	0.1025	0.8975
浦城	待判	a	*	0.9999	0.0001
福鼎	待判	a	*	0.9984	0.0016
台山	待判	b	*	0.0594	0.9406
上杭	待判	a	*	0.9999	0.0001
龙岩	待判	a	*	0.9999	0.0001

注："*"代表待判样点在训练样点处出现。

从表4-10可见，厦门站点在聚类过程中，判定属于a类，而回判的结果属于b类，属于b类的后验概率仅54.91%，说明本站点区域特点不明显，但在判别过程中，其周围的待判样点都属于b类，因此厦门站应属于b总体。其他待判站点的后验概率大部分达到了90%以上。

计算发现，误判比率的高低在很大程度上依赖于选取的训练样本数目和典型与否，离边界越近，训练样本的后验概率下降，而在明显的边界区域无此现象，如在新疆境内，北方Ⅳ区和北方Ⅱ区的划分，聚类分析后，天山山脉为两区的边界，判别分析发现，误判比率为0。

其他边界的判别过程在此不再叙述，在整个判别过程中，南方区平均误判比率为8%，北方区平均误判比率为6%，总的误判比率为7.14%，说明分区总效果良好。将误判样点和边界上的待判样本分别归属，既检验了分区效果，又精确了边界的走势（以上采用的多元统计方法通过国际标准统计软件SAS实现）。

三、结论

1.根据我国气候特点及其形成原理,分别对南方区域和北方区域进行气候一级区划,根据多元统计中主成分分析、聚类分析和判别分析方法作为温室生产气候的基本划分方法,将北方分为4个气候区,南方分为5个气候区。

2.通过主成分分析处理后的原始数据易采用系统聚类法分区,而在主要系统聚类方法中以采用欧氏距离的离差平方和法分区区域效果明显;判别分析可以对分区结果检验,且对边界无法确定的站点进行归属,确定边界的走势;确定边界时,在不影响分区结果的前提下,尽量保持了省界的完整性。

3.利用统计学方法进行分区具有考虑指标因子多,统计客观、定量,理论上比较完善的优点,但也存在一些缺陷,例如因子的计算是客观的,但因子的选择是主观的。对于指标因子的选择,不论是用在数学计算分区还是传统分析区划中,都依赖于所研究领域长期发展的经验总结,这是暂时无法克服的。此外,还存在着各因子对研究对象的作用不同,出现不分主次,同等对待的现象。考虑到影响设施园艺的气候因子以温度和光照最为重要,所以我们相对较多地选择了温度和光照的相关指标,以便加大计算过程中自动产生温度和光照指标权数来解决。从主成分分析的结果可以看出指标选取的合理性。例如北方区第一主成分主要代表平均温度和冬季温度的大小,而在实际生产中,也恰恰是冬季温度成为北方温室生产的重要限制因子,光照情况不是主要的限制因子。南方区第一主成分代表了辐射、日照及晴天日数的综合,与北方相比,南方区温度条件优越,而日照不足和少晴天是障碍。

4.应用多元聚类分析进行分类划区时,如何分区、分几个区,怎样划类,哪些类可聚,这些都是在统计分析过程中逐步形成的。由于无事先硬性规定指标数据之故,避免了为此而引起的人为偏差,故能较客观地反映系统的分异规律,提高了分类划区的科学性和准确性。书中探讨的是多指标综合分区,是温室气候区划的一级区划结果。由于是多因素的综合分析,所得结果反映了多因素的内在组合关系,而不是单一因素的差异或相似的排序,所以在某一大区内气候条件优越,并不代表本区内所有单项指标都是最优,只说明大部分主要指标的综合条件较好。

第三节　区划结果及分区评述

一、分区结果

(一)分区结果与指标

温室气候区体系分一级区和二级区两级;分别在南方区和北方区进一步划分,北方区划分出4个一级区,9个二级区;南方区划分出5个一级区,9个二级区。这样全国范围内一级区共9个,二级区共18个区。一级区内,北方区冠以"北方"二字,其后标以大写罗马字Ⅰ、Ⅱ、Ⅲ、Ⅳ代表其区号,南方区冠以"南方"二字,其后亦标以大写罗马字Ⅰ、Ⅱ、Ⅲ、Ⅳ、Ⅴ代表区号;二级区则在一级区号的右侧注以大写英文字母A、B、C作为二级区号。

书中所做温室气候区划主要是针对以日光温室、连栋温室和塑料棚为主体的园艺设施,从气候学角度评价各区的气候特征,以便区分不同地区气候条件对温室生产影响的差异性和温室生产对气候条件的要求。

　　区划的方法采用综合因子法和主导指标法相结合的原则。一级区划采用综合因子原则，将北方区划分为 4 个一级区，南方区划分为 5 个一级区。各区的主要气候特征值见表 4-11 和表 4-12。二级区划采用主导指标原则，选取的指标是一级区内地域差异较大且对温室生产有明确意义，特别是能指示能源消耗的指标，通过指标的等值线走势分析确定边界，表 4-13 为二级区划的指标。图 4-4 为温室气候区划分区体系图。中国温室气体区划图见附录8。

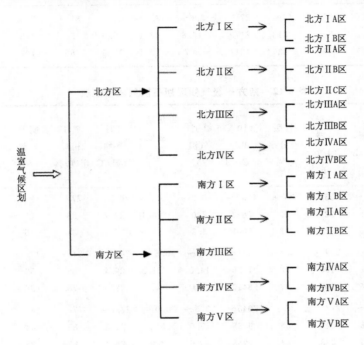

图 4-4　温室气候分区体系图

表 4-11　北方一级气候区划各区气候特征值

气候区	总辐射/MJ·m^{-2}	日照时数/h	冬季日照时数/h	日照百分率/%	≥10 ℃积温/℃·d	1月气温/℃	极端最低气温/℃	7月平均气温/℃	7月相对湿度/%	阴天日数/d	最大风速/m·s^{-1}	最大积雪深度/m
I区	4403~5653	2232~3285	315~656	51~74	1242~4019	−8.8~−29.8	−28.6~−49.6	16.5~27.9	30~81	51~103	16.0~41.0	0.13~0.76
平均	5101	2658	516	60	2685	−17.7	−37.4	22.2	70	71	23.9	0.32
II区	5660~6450	2587~3332	473~706	59~76	1959~5402	−4.4~−21.2	−20.1~−41.5	18.9~32.2	33~72	31~92	17.0~40.0	0.04~1.00
平均	6008	3001	613	68	3231	−11.5	−30.5	23.4	52	52	25.4	0.23
III区	3169~6010	1646~3030	297~637	37~69	2833~4802	0.1~−11.4	−14.9~−33.6	21.1~27.5	59~94	48~147	11.3~30.0	0.09~0.60
平均	5201	2464	517	56	3847	−4.6	−21.5	24.6	74	84	21.2	0.20

续表

气候区	总辐射/MJ·m⁻²	日照时数/h	冬季日照时数/h	日照百分率/%	≥10 ℃积温/℃·d	1月气温/℃	极端最低气温/℃	7月平均气温/℃	7月相对湿度/%	阴天日数/d	最大风速/m·s⁻¹	最大积雪深度/m
Ⅳ区	4013～7910	1831～3554	493～826	42～81	27～2179	−0.6～−16.8	−13.3～−48.1	7.5～17.9	31～83	37～218	15.0～38.0	0.06～0.87
平均	6338	2746	660	63	1047	−8.7	−29.1	12.6	65	107	24.1	0.19

表 4-12　南方一级气候区划各区气候特征值

气候区	总辐射/MJ·m⁻²	日照时数/h	冬季日照时数/h	日照百分率/%	≥10 ℃积温/℃·d	1月气温/℃	极端最低气温/℃	7月平均气温/℃	7月相对湿度/%	阴天日数/d	最大风速/m·s⁻¹	最大积雪深度/m
Ⅰ区	4145～5333	1568～2495	253～527	35～56	4390～5627	−0.2～8.0	−3.9～−18.1	26.3～28.7	77～86	39～85	14.2～25.0	0.10～0.49
平均	4687	1925	378	43	5008	3.2	−12.6	27.7	81	56	20.2	0.27
Ⅱ区	4127～4951	1259～1843	204～400	28～42	5431～7729	4.6～14.0	0.6～−11.3	28.0～29.4	71～85	17～52	12～40	0.00～0.28
平均	4559	1636	282	37	6410	9.4	−4.4	28.6	78	36	20.5	0.10
Ⅲ区	4548～5785	1628～2558	272～514	37～58	7045～9038	12.5～19.0	0.0～5.8	27.8～29.3	77～85	24～44	20.3～45	0.00～0.00
平均	5002	1944	373	44	7958	15.6	2.9	28.4	83	35	29.1	0.00
Ⅳ区	3490～5314	1018～1850	87～441	22～42	3752～5694	2.4～7.8	−1.7～−12.3	21.6～28.1	63～86	9～42	14～23	0.00～0.24
平均	4030	1271	178	28	4853	5.0	−7.5	25.2	79	21	18.0	0.12
Ⅴ区	5223～6225	2038～2463	609～750	47～57	3506～6996	6.0～13.0	−1.3～−10.3	18.0～22.9	75～90	34～85	13.3～22.7	0.00～0.36
平均	5652	2202	662	51	5320	9.7	−4.5	21.0	83	67	17.7	0.13

表 4-13　二级区划指标

区名	主导指标	辅助指标
	1月平均气温	
北方ⅠA	≤−20 ℃	
北方ⅠB	>−20 ℃	
	1月平均气温	7月平均气温
北方ⅡA	<−14 ℃	
北方ⅡB	−14～−8 ℃	
北方ⅡC	>−8 ℃	≥25 ℃

续表

区名	主导指标	辅助指标
	7月平均气温	日平均气温≤10 ℃的天数
北方ⅢA	<25 ℃	140～160 d
北方ⅢB	≥25 ℃	160～200 d
	年平均气温	
北方ⅣA	≤0 ℃	
北方ⅣB	>0 ℃	
	7月平均气温	日平均气温≤10 ℃的天数
南方ⅠA	<28 ℃	130～150 d
南方ⅠB	≥28 ℃	100～130 d
	日平均气温≤10 ℃的天数	日平均气温≥25 ℃的天数
南方ⅡA	≥80 d	<100 d
南方ⅡB	<80 d	≥100 d
南方Ⅲ	一级区划确定	
	冬季日照时数	
南方ⅣA	≥100 h	
南方ⅣB	<100 h	
	1月气温	
南方ⅤA	≤10 ℃	
南方ⅤB	>10 ℃	

(二)二级区划指标的确定原则

二级区划指标的选取基于三方面的考虑。

1. 根据主成分的含义。例如北方区第一主成分反映温度的综合,而反映温度的指标有年平均、月平均和几个月平均温度(冬季温度为12、1、2月3个月的平均)、高于或低于某一界线温度的持续天数等,但月平均温度能较好地反映一地的冷热程度;且有关专业使用的一些计算参数,多以月平均气温为基础统计的,所以二级区主导指标主要以月平均气温为主。

2. 根据影响温室生产的因素如北方为冬季采暖能耗,南方为夏季降温。而高于或低于某一界线温度的持续天数能反映采暖或降温的持续期,所以取为主要指标。

3. 温室生产有明显的地域差异。如北方Ⅰ区,−20 ℃界线除区分我国东北高寒特点外,还可以将新疆北疆划分为完整的二级区,且北方ⅠA区的连栋温室采暖能耗每亩平均为204 t,北方ⅠB区则为135 t。又如北方Ⅳ区,以年平均气温0 ℃为界不仅划分出青藏高原的高寒地带,也同时说明这些高寒地区连栋温室的采暖期普遍长达一年,反映出能耗的大小。

关于指标临界值,日平均气温≤10 ℃的持续期可以作为连栋温室的采暖期;日平均气温≤10 ℃的天数80天可以作为连栋温室是否集中供暖的界线;≥25 ℃的日数能反映一地炎热期的长短;通过统计全国各地202个站点日平均气温≥25 ℃日数时发现,若7月气温小于25 ℃,则本地几乎无炎热期,7月气温25 ℃能说明夏季的炎热程度。南方Ⅴ区1月气温10 ℃临界值除说明了冬季气温的高低,同时也是连栋温室需要采暖和不需要采暖的界线。

二、分区评述

（一）区划范围和指标界线

1. 北方区

北方区由 4 个一级和 9 个二级气候区组成。

（1）北方Ⅰ区

一级区包括黑龙江、吉林、辽宁北部、内蒙古的东部及新疆北疆地区。

北方ⅠA 区和北方ⅠB 区的分界:主要指标为最冷月 1 月平均气温－20 ℃,≤－20 ℃为北方ⅠA 区,＞－20 ℃为北方ⅠB 区,为通河—齐齐哈尔—博克图—东乌珠穆沁旗－阿巴嘎旗一线。北方ⅠB 区除包括东北的部分地区外,还包括新疆的北疆地区。

（2）北方Ⅱ区

一级区包括内蒙古（除东部地区）、甘肃的陇西（河西走廊）、宁夏及新疆的南疆地区。

北方ⅡA 区、北方ⅡB 区和北方ⅡC 区的分界:主要指标为 1 月平均气温。1 月平均气温＜－14 ℃为北方ⅡA 区,－14～－8 ℃为北方ⅡB 区,界线为乌拉特后旗、西乌珠穆沁旗一线,此线以东为北方ⅡA 区,以西为北方ⅡB;1 月平均气温＞－8 ℃、最热月 7 月气温≥25 ℃为北方ⅡC 区。

（3）北方Ⅲ区

一级区包括北京、天津、河北、山西、河南北部、山东、陕西大部分地区（秦岭以北）、甘肃部分地区（陇中、陇东）及辽宁南部。

北方ⅢA 区和北方ⅢB 区的分界:以 7 月平均气温 25 ℃将北方Ⅲ区分为北方ⅢA 区和北方ⅢB 区,＜25 ℃为北方ⅢA 区,≥25 ℃为北方ⅢB 区;辅助指标日平均温度≤10 ℃的持续天数为 160～200 d 为北方ⅢA 区,140～160 d 为北方ⅢB 区,界线为乐亭、北京、石家庄、长治、西安一线,此线以东、以南主要是平原,此线以北则是山区或高原。

（4）北方Ⅳ区

一级区包括青海、西藏、四川的甘孜藏族自治州和阿坝藏族自治州、甘肃的甘南藏族自治州和天祝藏族自治县及云南的德钦县,此区为青藏高原区。

北方ⅣA 区和北方ⅣB 区的分界:以年平均气温 0 ℃作为划分 A 区和 B 区的指标界线,年平均气温 0 ℃以下,为北方ⅣA 区,北方ⅣA 区连栋温室的采暖期普遍在 365 d;0 ℃以上,为北方ⅣB 区。

2. 南方区

南方区包括 5 个一级区和 9 个二级区。

（1）南方Ⅰ区

一级区包括上海、江苏、安徽、浙江、湖北大部、湖南北部及河南南部。

南方ⅠA 区和南方ⅠB 区的界线:主导指标以 7 月平均气温 28 ℃为界将南方Ⅰ区分为A、B 两区,7 月平均气温＜28 ℃为南方ⅠA 区,≥28 ℃为南方ⅠB 区。辅助指标日平均温度≤10 ℃的持续天数大于 130～150 d 为南方ⅠA 区;100～130 d 为南方ⅠB 区。界线为上海、南京、合肥、宜昌一线,即长江中、下游一线。

（2）南方Ⅱ区

一级区包括广西、江西、福建大部、湖南大部及广东大部地区。

南方ⅡA区和南方ⅡB区的分界:以温室采暖期持续天数为界。日平均温度≤10 ℃的持续天数作为连栋温室的冬季采暖时间;在民用建筑采暖通风规范中,将采暖期 90 d 作为是否集中供暖的界线,由于连栋温室轻质材料的保温能力不如民用建筑,根据实际情况减少 10 d 是合适的,以 80 d 为界线,采暖期 80 d 以下的地区,不需考虑集中热水供暖,可利用热泵、电采暖等措施补充加温。以采暖期 80 d 为指标将南方Ⅱ区分为 A、B 两区,≥80 d 为 A 区,<80 d 为 B 区。在 A 区夏季≥25 ℃持续期低于 100 d,B 区≥25 ℃持续期普遍在 100 d 以上。A 区和 B 区的界线大致以福州、邵武、赣州、桂林一线。

(3)南方Ⅲ区

一级区包括海南全部和广东、福建、广西的南部沿海城市。本区面积较小,气象要素差异不大,可作为一个独立的一级或二级区。

(4)南方Ⅳ区

本区包括四川盆地、贵州、湖南西部、湖北恩施土家族苗族自治州以及陕西秦岭以南、甘肃陇南地区。

南方ⅣA区和南方ⅣB区的分界:南方Ⅳ区为全国冬季日照时数的低值中心,山多雾大,冬季日照时数平均不到 270 h(3 h · d^{-1}),为突出冬季日照时数的低值特征,以冬季日照时数 100 h 为界,划分出全国日照时数的低值中心,据此将南方Ⅳ区分为 A 区和 B 区,≤100 h 为 A 区,>100 h 为 B 区。

(5)南方Ⅴ区

一级区包括云南全部及四川西南部的凉山彝族自治州。

南方ⅤA区和南方ⅤB区的分界:1月气温 10 ℃为界将南方Ⅴ区分为 A、B 两区,1 月气温≤10 ℃为 A 区,>10 ℃为 B 区,以昆明、大理、腾冲一线为界。

(二)气候特征与基本要求

1. 北方区

(1)北方Ⅰ区

①气候特征

属中国气候区划中温带气候和北温带气候。冬季严寒、漫长,春季风大,夏季短促;太阳辐射较贫乏,光照弱;东部偏于湿润,西部偏于干燥;冬季积雪厚,冬半年多大风。

1月平均气温为 -29.8～-8.8 ℃(内蒙古图里河)。极端最低气温 -49.6～-28.6 ℃(内蒙古图里河),最热月平均气温 16.5(内蒙古图里河)～27.9 ℃(新疆克拉玛依),年平均气温 -4.4～9.9 ℃,日平均温度≤10 ℃的天数都在半年以上,漠河高达 259 d。

在太阳能利用分区中属太阳能可利用区和较丰富区。全年总辐射 4403～5653 MJ · m^{-2},冬季辐射 464～780 MJ · m^{-2},平均 645 MJ · m^{-2},年日照时数 2232～3285 h,冬季日照时数 315～656 h,平均 516 h;日照百分率 51%～74%,冬季为 41%～76%,平均 62%。

在中国风压分区中,属次大风压区,最大风速 16.0～41.0 m · s^{-1}(新疆奇台);在中国雪压分区中,除新疆北部为最大雪压区,其余属次大雪压区。最大积雪深度 0.13～0.76 m(新疆阿勒泰),≥10 ℃积温为 1242～4019 ℃,阴天日数 51～103 d。

②设施园艺现状

本区为高纬度高寒地区,塑料大棚、日光温室是主要的园艺设施,冬季加温时间长达 5 个多月。塑料连栋温室在黑龙江、吉林也有一定发展，如黑龙江为 $1312.63×10^4 m^2$，吉林为 $880.50×10^4 m^2$。本区虽晴天多，日照百分率大，但地处高纬，日照时间短，光照弱，由于采暖能耗大，连栋温室运行效果不理想。

③建议

在设施类型上，以日光温室、塑料大棚为主，大型连栋温室慎重发展。在结构类型上，宜发展适合高寒地区的标准化日光温室，跨度不宜过大，采光屋面角要合理，以充分利用太阳能来弥补低温的不足、优化后坡角度与结构、优化墙体结构以增加蓄热能力，使结构进一步规范化。为防风雪灾害、增加保温性，半地下日光温室可以发展。对大型连栋温室，以玻璃温室配以活动式内保温幕为主，双层充气膜温室由于透光性较差不宜发展。在环境调控上，温室冬季加温设施要配套，须集中供暖。

新疆北疆地区冬季普遍寒冷干燥、雪深、风大，但乌鲁木齐南郊处于逆温带（11月6日—次年3月5日出现稳定逆温，持续120 d），冬季平均气温比北郊高1.2 ℃，11月到次年2月，日照时数比北郊高330 h，夏季凉爽，温室蔬菜不易发生病害，发展日光温室优势明显。

北方ⅠA区：该区最大特点是冬季严寒，最冷月气温都在−20 ℃以下，最北的漠河为−39.8 ℃，极端最低气温普遍在−40 ℃以下；7月平均气温低于20 ℃；冬季日照时数小于500 h，风大雪厚也是温室发展的不利因素，最大风速普遍在20 m·s^{-1}以上，平均24.3 m·s^{-1}，最大积雪深度在20～30 cm；连栋温室采暖期都在200 d以上，平均240 d，达8个月；内蒙古的图里河和阿尔山以及黑龙江的漠河，加温期都在260 d左右。在温室生产过程中，夏季降温不难，冬季的保温措施是关键，尤其连栋温室冬季能耗巨大（每亩玻璃温室年耗煤量平均204 t），加温期长不宜发展。日光温室生产由于冬季严寒、光照时间短优势不明显，但其他季节可利用。

北方ⅠB区：冬季严寒程度不及北方ⅠA区，夏季炎热程度高于北方ⅠA区。最冷月气温平均−15 ℃，年极端最低气温−46～−28.6 ℃（新疆富蕴）；最热月平均温度普遍在22 ℃左右，极端最高气温35.5～43.3 ℃（新疆阿勒泰，辽宁朝阳）；冬季日照时数400～550 h，平均5.7 h·d^{-1}，最低值为乌鲁木齐，仅3.5 h·d^{-1}，为此区的低值中心；年日照百分率平均61%；最大风速普遍在20 m·s^{-1}以上，新疆的奇台为高值中心，高达41 m·s^{-1}。连栋温室采暖期平均近7个月，采暖能耗135 t·亩$^{-1}$。由于日照情况相对较好，保温程度较高的日光温室是主要发展方向。

（2）北方Ⅱ区

①气候特征

本区深居内陆，地势较高，绝大部分位于我国西北部干旱荒漠地带，属干旱中温带和干旱南温带气候。冬季除南疆盆地1月气温高于−10 ℃外，其余地方均严寒；夏季除著名的吐鲁番呈酷热气候，南疆干热，其他地方7月气温不足25 ℃；光热资源丰富。

1月平均气温为−21.2～−4.4 ℃，极端最低气温−41.5～−20.1 ℃（内蒙古汉贝庙），最热月平均气温18.9～32.2 ℃（新疆吐鲁番），年平均气温1.4～14.4 ℃。日平均温度≤10 ℃的持续天数平均195 d。

绝大部分属于太阳能丰富区，全年总辐射5660～6450 MJ·m^{-2}，冬季平均859 MJ·m^{-2}，日照时数2587～3332 h，冬季日照时数平均620 h，日照百分率59%～76%。冬季日照百分率内蒙古吉兰泰为高值中心（81%）。

该区大部分地区为我国的次大风区,风速 17.0～40 m·s^{-1}(内蒙古林西);除内蒙古北部为我国次大雪压区外,大部分地区为低雪压区,最大积雪深度新疆民丰为低值中心(0.04 m),内蒙古林西、林东为最大值(0.10 m)。7 月相对湿度为 32％(新疆吐鲁番)～72％(内蒙古多伦);≥10 ℃积温为 1959(内蒙古化德)～5402 ℃·d(新疆吐鲁番);阴天日数 31～92 d。

②设施园艺现状

大部分地区以日光温室为主,冬季寒冷时期种植喜温果菜要靠加温越冬,在光资源丰富的甘肃河西和宁夏等地性能良好的日光温室可以不加温。连栋温室和引进温室在每省都有分布,多因冬季耗能巨大难以取得经济效益而闲置,造成设备浪费。塑料大、中棚用来进行春提前、秋延后栽培,也是用于育苗的设施。

③建议

本区天气晴朗,太阳辐射强度大,尤其日照时数、冬季日照时数、日照百分率在北方最高,为温室发展提供了优越的光照资源,节能日光温室是缓解冬春蔬菜淡季的最佳选择。但冬季气温低是最大的限制性因子,注意保温、防寒,要以高纬度地区气候特点来设计、建造温室;风大、有些地区如内蒙古北部积雪厚是设计温室时要特别注意的问题,日光温室要有足够大的抗风、雪荷载能力。连栋温室可以用来进行科技示范,但民营要慎重。塑料大棚有被日光温室取代的趋势,但中、小拱棚具有简便、省工、省材料等优势,是育苗的简易设施,在目前不可取代。连栋温室因冬季采暖能耗大,加温期长(半年左右),发展较困难。

北方ⅡA区:冬季严寒,寒冷程度同北方ⅠB区相当,最冷月气温平均为 −15.6 ℃;日平均温度≤10 ℃的持续天数达 210 d 以上;7 月气温 24 ℃以下;日照充足,冬季日照时数、日照百分率为全国之冠。最大风速 24～40 m·s^{-1}(内蒙古化德),最大积雪深度平均 38 cm,最高值为 100 cm(内蒙古巴林左旗和林西);由于冬季能耗大(150 t·亩$^{-1}$)、采暖期长达 7 个月,连栋温室不宜发展。日光温室在该区具有光照优势,要注意保温,防大风、雪,冬季需要长时间补充加温。

北方ⅡB区:此区最冷月气温平均 −9.4 ℃,最热月气温 22～24 ℃,冬季日照时数为全国之首,7.2 h·d^{-1},日照百分率 72％;多晴天;最大风速平均 23.7 m·s^{-1};最大积雪深度除呼和浩特为高值中心(30 cm),其余都在 10 cm 左右。日平均温度≤10 ℃的持续天数 200 d 以下。光照条件、温度条件使日光温室生产得天独厚,甘肃河西走廊、宁夏冬季基本不用加温可以生产喜温果菜;但生产中要注意防风。连栋温室的采暖仍是主要障碍,平均加温期半年以上,年采暖能耗 108 t·亩$^{-1}$,能耗大。

北方ⅡC区:主要指新疆的南疆大部地区。由于天山山脉对冷空气的阻挡,冬季相对温暖,夏季塔里木盆地温度较高。最冷月平均气温 −6.5 ℃;夏季最热月平均气温 25.0～27.5 ℃,吐鲁番达 32.2 ℃,年极端最高温都在 40 ℃以上,冬季日照时数平均 5.9 h·d^{-1};该区西部风沙大。连栋温室冬季采暖能耗不低,83 t·亩$^{-1}$,采暖期平均半年。

(3)北方Ⅲ区

①气候特征

属温带、半湿润地区。冬季寒冷干燥、夏季炎热多雨。光资源在北方虽不算优越,但在全国处于中上水平,最大的优势在于冬季气温不低,光、热资源配置较好。

1 月平均气温为 −12.3～−0.1 ℃,极端最低气温 −33.6～−14.9 ℃;最热月平均气温 21.1～27.5 ℃,年平均气温 7.0～14.7 ℃;日平均温度≤10 ℃的持续天数平均 166 d。

属于太阳能较丰富区,全年总辐射 3169(陕西延安)~6010 MJ·m⁻²(陕西榆林);冬季日照时数 297(陕西西安)~637 h(河北怀来),平均 517 h;冬季日照百分率 40%~74%(河北石家庄),冬季平均 60%,阴天日数较少。

属次大风压区,最大风速 11.3~30.0 m·s⁻¹(山东成山头);最大积雪深度 9~60 cm(辽宁本溪),除辽宁南部为次大雪压区外,其余都为低雪压区;7 月相对湿度 59%~94%(山东荣成)。

②设施园艺现状

本区是全国最大的设施园艺生产基地,也是日光温室的发源地,中国第一栋自建的现代化温室也出现在此区。日光温室、塑料大棚和连栋温室所占比例较大,发展设施园艺有成功的实践,尤其山东、河北、河南、辽宁和北京等省市都是全国最大的设施园艺生产地。大部分地区日光温室基本上不加温生产喜温果菜;塑料大、中棚用来做春提前、秋延后栽培;连栋温室生产高附加值的园艺产品,但连栋温室冬季采暖能耗大是主要限制因子。

③建议

由于本区对日光温室研究较早,具有长期成功的经验,将来应以现代化为目标进行日光温室蔬菜长季节生产,在保持原有的采光、保温性能的优化结构基础上,适当增加高度及跨度,以便提高土地利用率,实现机械化操作,建造高效的标准化日光温室。有些地区冬季低温寡照、雾天多、雨夹雪天气多是主要的不利气候条件,温室内湿度大易使蔬菜产生病害;尤其是本区西部,西安、兰州一线,冬季日照百分率 41%以下。所以培育壮苗、嫁接换根、根据天气条件积极采取对策、加强温室管理预防病虫害都是相应的举措。大型连栋温室是生产花卉、特菜等高附加值产品的优选设施,其环境调控能力、机械化作业条件都优于日光温室,但冬季保温能力差,故要提高保温工程技术的研究:如双层充气膜覆盖、PC 板、内设保温幕等措施,加大采光面以最大限度的利用光照,温室的加温设施要合理;夏季降温除尽量采用自然通风外,室内或室外遮阴和湿帘一通风降温系统也应优选;还要积极发展塑料大、中棚进行春提前、秋延后栽培。

北方ⅢA 区:该区最冷月温度在 -11.4~-2 ℃,最热月平均温度低于 25 ℃;冬季日照时数 424~637 h,日平均温度≤10 ℃的持续天数为 160~200 d,最大风速低于 21 m·s⁻¹。温室建筑物需充分满足冬季保温要求,夏季降温也不可忽视;个别地区如西安冬季日照时数不高,所以建造时要最大限度地考虑采光。连栋温室年采暖能耗平均 95 t·亩⁻¹,能耗偏大。

北方ⅢB 区:本区夏季温度高,冬季温度不低,最冷月平均气温 0~-4 ℃,平均值 -1.5 ℃,极端最低气温 -14.9(济南)~-19.3 ℃(石家庄);最热月气温平均 26.2 ℃;冬季日照时数 480 h左右,最大风速 22 m·s⁻¹左右,日平均温度≤10 ℃的持续天数为 140~160 d。发展设施园艺条件较好,温室建造时要注意风载,冬季保温和夏季降温同样重要;连栋温室年采暖能耗平均 67 t·亩⁻¹,能耗不低。

(4)北方Ⅳ区

①气候特征

本区为青藏高原气候区,大部分地区海拔高度在 3000 m 以上,是典型的大陆性高原气候:气温较低、降水较少、空气稀薄、日照充足,昼夜温差大,由于地面长波辐射强烈,使得这里成为我国年平均气温最低的地区之一;常年无夏,霜雪不断。以气候资源丰富、日照时间长、平均温度低、生长积温少为主要特点。

1月平均气温为-16.8～-0.6 ℃(青海玛多)。极端最低气温-48.1～-13.3 ℃(青海玛多),最热月平均气温7.5(青海格尔木托托河)～17.9 ℃(青海格尔木);年平均气温-4.2(青海格尔木托托河)～8.9 ℃(四川九龙);日平均温度≤10 ℃的持续天数平均305 d。

本区属于太阳能丰富区,全年总辐射4012.5(四川九龙)～7910 MJ·m^{-2}(西藏拉萨),拉萨由于是全国辐射的高值中心而被誉为"太阳城",青海冷湖为全国日照时数高值中心(3554 h);冬季日照时数为493～826 h;日照百分率为42%(四川松潘)～81%(青海冷湖)。

属较大风压区,最大风速15.0～38.0 m·s^{-1}(西藏安多);大部分为低雪压区,最大积雪深度6(青海格尔木)～87 cm(西藏帕里);≥10 ℃积温为27(青海格尔木托托河)～2179 ℃·d。

②设施园艺现状

西藏最早以简易的塑料大棚为主体进行保护地蔬菜生产。青海的设施园艺发展早于西藏,塑料大棚、日光温室在西宁等城市周边发展。西藏冬季蔬菜主要靠青海、四川、甘肃、宁夏等内地供应,近几年由于塑料大棚种植蔬菜获得成功,在国家科技部、中国农科院蔬菜花卉研究所、农业部规划设计研究院和中国农业大学的共同协助下,开始向冬季保温效果好的日光温室发展,现已向拉萨、山南地区、林芝地区扩展。

③建议

本区光照资源得天独厚,冬季气温不算低,夏季凉爽,为温室建造提供了较好的气候条件,有极大的开发潜力。高效节能日光温室应是实现周年栽培的优选设施,但冬季要注意保温,由于光照强烈,冬季日照时数大,一般日出1 h左右要揭去覆盖物让阳光尽早进入,以提高温度和光照,同时要防止薄膜被金属骨架烫伤。由于光资源充足,为冬季节约能源,半地下式日光温室也是发展方向。温室设计需满足防寒、保温,不必太多考虑降温。

北方ⅣA区:冬、夏季气温都偏低,最冷月气温普遍在-20 ℃以下,极端最低气温-44.4～-31.4 ℃,年平均气温在0 ℃以下;日平均温度≤10 ℃的天数除青海刚察325 d外,其余都为365 d,即连栋温室生产需一年的加温期。在青藏高原范围内冬季日照时数571～718 h;最大风速为34.7～38 m·s^{-1}(西藏改则),最大积雪深度为13～39 cm(青海托托河)。虽日照条件好,但因冬夏气温低,植物生长有效积温极低,不足500 ℃·d,温室生产意义不大。玻璃温室的采暖能耗平均高达206 t·亩$^{-1}$。

北方ⅣB区:1月温度-13.4 ℃(青海大柴旦)～0 ℃(西藏林芝);夏季凉爽,7月平均气温14 ℃;日平均温度≤10 ℃的持续天数相对较长,189(西藏定日)～365 d(西藏帕里),平均253 d。冬季太阳辐射强度大,为1000～2000 MJ·m^{-2}(西藏定日),冬季日照时数493～826 h(西藏定日);最大风速在15～28 m·s^{-1}(四川甘孜),最大积雪深度除西藏帕里为最高87 cm、云南德钦30 cm外,其他地区都在10 cm左右。藏南一些地区,如林芝、昌都等及四川、云南的高原地区如九龙、德钦等地,冬季热量条件较好。由于光照条件优越,冬季气温不低,该区要充分利用太阳能发展日光温室,保温是关键。本区玻璃温室采暖能耗平均达128 t·亩$^{-1}$。

2. 南方区

(1)南方Ⅰ区

①气候特征

属中、北亚热带气候,位于我国长江中下游地区。气候温暖湿润,四季较明显,冬夏长、春秋短;热带海洋气团带来丰富水分,夏季闷热、冬季湿冷是其主要特点。

冬季气温不低,1月平均气温0.2～8.0 ℃,夏季高温,7月平均气温26.3～28.7 ℃,日平均温度≥25 ℃日数为 57（江苏赣榆）～94 d（湖北武汉），日平均温度≤10 ℃的持续天数为 103（浙江杭州）～150 d（江苏赣榆）。

全年总辐射量在南方居中，为 4145～5333 MJ·m⁻²，属于太阳能可利用区；年日照时数 1568～2495 h，冬季日照时数平均 378 h。年日照百分率 35%（湖北宜昌）～56%，以湖北为日照低值区，冬季日照百分率平均为 42%。

最大风速 14.2～25.0 m·s⁻¹，在东部沿海和长江下游，夏秋季台风较多，属最大风压区；最大积雪深度 10～49 cm（安徽霍山），为次大雪压区；7 月相对湿度 77%～86%（浙江定海）；≥10 ℃积温较高，4390～5627 ℃·d。

②设施园艺现状

主要有竹木结构塑料棚，投资较少，由个体农户短期经营，寿命短，抗风雪、环境调控能力差。标准塑料棚，是本区设施园艺的主体，主要在春季种植黄瓜、番茄、葫芦、茄子、辣椒等蔬菜，夏季部分用于遮阳遮雨，种植芹菜、小白菜等短期蔬菜，使用寿命长（15 年以上），抗风雪能力好，适合一家一户经营，但规模小，土地利用率低，环境调控能力弱。简单连栋大棚，虽在一定程度上提高了土地利用率，环境条件较好，抗风雪等灾害能力低是不足之处。一些地区引进荷兰、以色列等国现代化温室，环境调控能力强，但不完全适合我国的气候条件，且运行和生产费用大；江苏、安徽北部及河南发展日光温室，取得了较好的经济效益。此外，遮阳网、防雨棚及防虫网也是解决南方夏季高温、暴雨、病虫害等不利栽培条件的简易设施。

③建议

本区气候条件较好，经济条件发达，发展现代化生产规模的连栋温室，以提高土地利用率，实现机械化操作，充分发挥茄果类蔬菜无限生长的优势，提高蔬菜品质。根据我国国情，要选择投资较少，冬季以保温为主、夏季以自然通风和遮阳为目标的连栋温室。由于雪压风压较大，要求温室抗风、雪能力强。在消化吸收国际先进温室设备的基础上，宜在上海、杭州、南京等经济较发达的大中城市研制既能有效抗御冬春低温、高湿、寡照又能克服夏秋高温、暴雨、强光等不利条件的新型智能温室，在结构设计和选择上首先应以增加冬季的保温性能和降低夏季降温成本相兼顾为原则，向高大化、连栋化和冬夏兼用方向发展。

南方ⅠA区：最冷月平均气温－0.2～2.6 ℃，极端最低温度－18.1（河南驻马店）～－11.1 ℃（江苏徐州），日平均温度≤10 ℃的持续天数平均 140 d；最热月平均气温 27.2 ℃，极端最高气温 38.5～41.3 ℃，≥25 ℃的持续日数 57（江苏赣榆）～81 d（安徽蚌埠），平均 71 d。本区冬季日照时数 333（3.7 h·d⁻¹）～527 h（5.9 h·d⁻¹），在南方地区属中上水平；最大风速 14（安徽霍山）～25 m·s⁻¹（南京）；最大积雪深度 17（江苏徐州）～49 cm（安徽霍山）；7 月平均相对湿度 82%。发展连栋温室要注意冬季节能、保温，夏季隔热通风，由于夏季湿度大，利用湿帘通风降温系统降温效果不明显，要寻求其他的降温措施如外遮阳等，在个别地区还要注意风雪荷载。塑料连栋温室冬季采暖耗煤量平均 53 t·亩⁻¹。

南方ⅠB区：最冷月平均气温 4.0 ℃左右，极端最低温度－18.1（湖北武汉）～－5.5 ℃（浙江定海）；日平均温度≤10 ℃的持续天数平均 115 d，平均近 4 个月；最热月平均气温 28.2 ℃，极端最高气温 37.7～40.4 ℃，≥25 ℃的持续日数 74～82 d，平均 84 d；冬季日照时数 253（2.8 h·d⁻¹）～387 h（4.3 h·d⁻¹），光照普遍不足；最大风速 14.3～24 m·s⁻¹（温州），最大积雪深度 3（上海）～29 cm（浙江杭州）；7 月平均相对湿度 77%～86%（浙江定海），平均值 80%。由于冬季气温不低，耐寒蔬菜类露地可以越冬，或通过塑料大棚种植喜温蔬菜，冬春蔬菜压力不大。温室应向高大化方向发展以加强通风;湿帘降温同样存在湿度大效果差的问题,且易诱发病虫害,应研发一种冬夏兼用的亚热带型国产温室,以适应南方气候特点。鉴于本区沿海城市经济发达,连栋温室发展有潜力,除高产以外,要追求高附加值的产品;塑料连栋温室冬季采暖耗煤量平均 39 t·亩$^{-1}$。

(2)南方Ⅱ区

①气候特征

属南亚热带湿润季风气候,温暖多雨,夏季炎热,冬季低温多阴雨。

最冷月平均气温 4.6~13.3 ℃,极端最低气温-11.3(湖南长沙)~0.6 ℃,日平均温度≤10 ℃的持续天数 0~115 d(湖南长沙),冬季气温不低。最热月平均气温 28~29.4 ℃,极端最高气温 38.5~40.4 ℃,≥25 ℃的持续日数 87(浙江温州)~161 d(广西龙州)。

全年总辐射 4127~4951 MJ·m^{-2},湖南、广西属太阳能贫乏区,其他地区属太阳能可利用区;年日照时数 1259~1843 h,冬季日照时数 204(2.3 h·d^{-1})~400 h(4.4 h·d^{-1}),日照时数偏低,冬季日照百分率不高,平均仅 30%。

最大风速 12.0(广西桂平)~40 m·s^{-1}(广西百色),浙江温州、广西百色、广西龙州都为最大风压区,其余地区风压较小;雪压较小或无雪压。

②设施园艺现状

本区由于冬季气温较高,周年可以种植蔬菜,即使较冷地区冬季也可种植耐寒蔬菜如白菜、萝卜等,加之光照不足,所以设施发展效果不明显。主要设施为竹木结构塑料棚,有部分连栋温室,福建、江西有少量经改建的日光温室,遮阳、防雨棚是夏季降温防雨的简易设施。本区冬季温度较高,连栋温室内在 1 月须短期加温外,一年有 2/3 的时间须降温,温室利用率低。如周年利用,夏季降温是最大障碍。

③建议

适当发展标准塑料大棚,作为冬季越冬、夏季配备外遮阳网挡雨降温,其使用寿命长,抵抗自然灾害能力强,适用于农户个体经营。在经济发达地区,可建造适合本地特色的自动化程度较高的连栋温室种植高档蔬菜和花卉,要强调以自然通风和外遮阳等措施相结合的降温设计,在建造中要注意采光和补光。该区南部可以不考虑冬季采暖或只在最寒冷时期临时加温,风、雪荷载不需特殊考虑。

南方ⅡA区:最冷月平均气温 0.6~6.4 ℃,极端最低温度-11.3~-6.7 ℃,连栋温室冬季采暖期大于等于 80 d,冬季温室需加温,防积雪;最热月平均气温普遍在 29 ℃左右,极端最高气温 39.4~40.4 ℃,≥25 ℃的持续日数平均 96 d,持续 3 个多月,夏季要防热、通风降温。7 月相对湿度 72%~83%;冬季日照时数 217(2.4 h·d^{-1})~336 h(3.7 h·d^{-1}),平均 3.1 h·d^{-1},冬季日照百分率仅 28%~33%,冬季光照严重不足,极大地限制了设施园艺的发展,从气候条件考虑,发展连栋温室冬季加温能耗已不是主要的矛盾,最大问题是夏季长时间降温和冬季弱光,由于南方夏季降水较多,塑料大、中棚可冬季保温,夏季掀开周围薄膜通风防雨,是一项较好的措施。

南方ⅡB区:最冷月气温已达 7.9(广西桂林)~14 ℃(广西龙州),极端最低温度-6.0(福建永安)~0.6 ℃(广西桂平),冬季气温不低;连栋温室采暖期小于 80 d,大部分地区不需加温,加温能耗少或无能耗;最热月平均气温 28.0~29.3 ℃,极端最高气温 38.5~40.3 ℃,≥25 ℃的持续日数 103~161 d,平均 131 d,平均持续 4 个多月,7 月相对湿度平均 78%;夏季湿热且持续时间长,闷热天气较多,温室生产夏季降温是关键。冬季光照存在严重不足现象;广西百色是最大风速高值中心,达 40 m·s⁻¹。由于露地可以周年栽培,发展温室的意义不明显,若生产对环境要求高的经济类作物,可以考虑在温室气候条件稍好的地区如广东河源、福建福州等地发展高大宽敞的连栋薄膜温室,注意防台风。

(3)南方Ⅲ区

①气候特点

属于南亚热带至南热带气候。终年暖热,长夏无冬,气温年较差和日较差均小,7 月相对湿度 82% 左右,各季变化不大;雨季多台风。

1 月平均气温在 12 ℃以上,日平均温度≤10 ℃的天数为 0;最热月气温在 28 ℃左右,≥25 ℃的持续日数 114～202 d,平均 165 d,平均持续 5 个多月。有效生长积温在南方区最高,平均接近 8000 ℃·d。

全年总辐射 4548～5785 MJ·m⁻²,属太阳能可利用区。日照时数平均 1944 h,冬季日照时数平均 373 h;冬季日照百分率 41%,相对偏低。

地处沿海,易受热带风暴和台风暴雨、烟雾的袭击。30 年一遇最大风速普遍在 30 m·s⁻¹左右,广东汕尾最高值 46 m·s⁻¹,属最大风压区;无积雪。

②设施园艺现状

由于夏季炎热,台风、暴雨较多,而冬季寒冷天气较短,故保护设施除保温外,主要功能是防暴雨冲刷和遮阳降温。以装配式拱形镀锌管棚为主,棚的侧面覆盖防虫网纱,为增加夏季降温功能,塑料棚上加建可伸缩的外置遮阳网;连栋薄膜大棚造价低,较坚固,且通风性能好,土地利用率高,因而近期发展很快。

③建议

防风、防雨、防止病虫害的夏季园艺设施是该区的发展方向,可缓解夏季高温多雨造成的露地蔬菜淡季。本区经济发达,交通和航运方便,可以适当发展自动化程度较高的现代化温室,开拓冬夏兼用的热带、亚热带智能型温室,温室主体要高大,以加强通风;在温室设计中要特别注意抗风。夏季此区受高温、台风和暴雨的袭击,露地蔬菜生产困难,因此,可以发展以遮阳网、防雨棚为主体的园艺设施。

由于该区范围较小,不需做二级区划。

(4)南方Ⅳ区

①气候特征

本区地处亚热带,地形复杂,高原、盆地、山地、丘陵、平原等纵横交错。地形以山地为主,致使雨水和云雾多,湿度大,光照资源极度匮乏。

1 月气温 2.4～7.8 ℃,日平均温度≤10 ℃的持续天数 109 d;7 月平均气温 21.6～28.1 ℃,≥25 ℃的持续日数平均 44 d。

在我国太阳能利用分区中,属太阳能贫乏区。总辐射和冬季辐射量低,年日照时数(平均1339 h)和冬季日照时数(平均 194 h)在全国最低,年日照百分率(平均 30%)和冬季日照百分率(平均 20%)很低,尤其重庆是全国低值中心。

在中国风压分区中,属最小风压区,最大风速 14～26.7 m·s⁻¹(重庆沙坪坝);最大积雪深度 3～24 cm(贵州兴义),属次大雪压区;7 月相对湿度 76%～86%(四川成都)。

②建议

气候条件不适宜园艺设施生产。从减少不利气候条件影响的角度讲,适当发展塑料大、中棚作为冬、春季保温和夏季防雨设施是可行的。

南方ⅣA区:1月气温不低,高于 6 ℃,日平均温度≤10 ℃的天数 71~112 d,平均 90 d;7月温度 26~28 ℃,≥25 ℃的持续日数平均 60 d。冬季太阳辐射 400~600 MJ·m^{-2};冬季日照时数平均仅 102 h(1.1 h·d^{-1}),全国高值中心西藏帕里,达 803 h(8.9 h·d^{-1}),是重庆(1.0 h·d^{-1})的 8 倍。冬季太阳辐射低值中心重庆仅 405 MJ·m^{-2},全国最高值西藏定日1622 MJ·m^{-2},是重庆的 4 倍。该区日照时数、日照百分率、太阳辐射都是全国最低值,光照亏欠是限制本区发展温室的最大障碍。日照百分率(重庆沙坪坝 9%、四川南充和宜宾 11%、成都 17%)也很低,设施内严重光线不足,产品品质低下,不适宜温室生产。

南方ⅣB区:1月平均气温 2.4~6.3 ℃,日平均温度≤10 ℃的天数 97~141 d,平均 127d;7月气温 21.6~27.1 ℃;≥25 ℃的持续日数平均 0(贵州贵阳、毕节、兴义)~75 d(湖南芷江),平均 29 d,同ⅣA区相比,光照条件虽略好,但在全国仍处低水平,冬季日照不足同样是发展设施园艺的限制因子。7月平均相对湿度 79%;露地栽培部分耐寒蔬菜虽可露地越冬生长,但植株生长缓慢,会形成 1—2 月的蔬菜淡季,利用塑料大棚进行冬季保温,可缓解 1—2 月蔬菜淡季供应。连栋温室在此区虽冬季能耗不大(40 t·亩$^{-1}$),而冬季弱光会影响产品的质量和效益。

(5)南方Ⅴ区

①气候特征

属亚热带、热带高原型湿润季风气候,周年气候温和。受西南季风的影响,夏季多雨凉爽;冬季温暖晴朗;干湿季分明,日照充足温暖。

冬季不冷,1月平均气温 6~13 ℃,日平均温度≤10 ℃的天数 0~127 d;夏季不热,7月平均气温 18~22.9 ℃,无炎热期。

全年总辐射占南方区之首,为 5223~6225 MJ·m^{-2},属全国太阳能较丰富区;冬季日照时数在全年所占比例较大,平均为 671 h,尤其冬季 1月日照百分率在全年最高,平均为 70%(全年平均 51%)。这为设施园艺的发展提供了优越的气候条件,是周年设施园艺生产的最理想地区。

属最小风压区,最大风速 13.3~22.7 m·s^{-1}(云南昆明);最大积雪深度 0~36 cm(云南昆明),部分地区无雪压,云南、丽江雪压不低;7月相对湿度 75%~90%(云南腾冲),均值 83%。

②设施园艺现状

设施园艺生产主要集中在滇中、北。设施主要有两种形式:一类为隧道式竹木简易塑料大棚和国产的普通钢架大棚;另一类是规模较大国内自产的连栋塑料温室和全套进口自动化程度较高的大型连栋温室。前者环境控制能力低,容易形成低温高湿的发病环境,不适合高档蔬菜和花卉的栽培。后者虽具有较高的自控度,但其为寒冷高纬度平原地区设计的特性,致使设备利用率低,已造成浪费。

③建议

利用冬季辐射强、日照时数和日照百分率高的优势,充分利用太阳能加热进行日光温室和连栋温室生产。夏季为雨季,湿度大,日照不足,不能牺牲光照遮阳降温,要尽量利用自然通风,以最大限度减少空气对流阻力为目标,设计全自然通风的温室结构。因日较差大,在温室设计中不能因白天温暖且日照充足而忽略夜间保温。

　　本区具有明显立体气候特征。滇中、北有一个月的冷温期,塑料大棚越冬有风险,可利用日光温室越冬栽培;连栋温室加温期不足 3 个月,能耗较低(23 t·亩$^{-1}$),生产高附加值产品。滇南热量条件优越,大部分地区可以露地生长热带作物,温室生产优势不明显。

　　南方ⅤA区:最冷月平均温度 6~9.6 ℃,日平均温度≤10 ℃的天数 50(四川西昌)~128 d(云南丽江);最热月平均气温 18~22.3 ℃;年有效生长积温 3506~5286 ℃·d;冬季日照时数高达 7.8 h·d^{-1};最大积雪深度 20 cm 左右,最大风速 20 m·s^{-1}上下;温室必须考虑冬季保温,兼顾夏季降温及风、雪荷载。连栋温室采暖能耗平均 23 t·亩$^{-1}$。

　　南方ⅤB区:最冷月气温 11.2~13 ℃,日平均温度≤10 ℃的天数为 0;最热月气温 21.4~22.9 ℃。有效生长积温 6109~6996 ℃·d;冬季日照时数 7.2 h·d^{-1};最大风速 14~21.7 m·s^{-1};由于大部分地区在西南季风气候的迎风面,水汽充沛,外加热量等气候条件优势,形成独具一格的南亚热带和热带风光,主要以原始森林为景观、热带经济作物适宜发展,设施园艺生产意义不大。

　　综上,在温室建造中,要根据所在气候区的特殊气候条件,做特殊设计,连栋温室北方应以保温为主,空间不宜太大,密封性要好;南方温室则要相对高大,配备外遮阳设备,以加强通风降温力度;日光温室应是北方地区冬季主要园艺设施,其地位不可替代。南方遮阳网、防雨棚、防虫网是解决夏季高温、暴雨和病虫害多发等不利条件造成夏季蔬菜淡季的主要设施;从历年的极端气候和天气状况看,南北方都要注意一些地区风雪荷载强度。

第四节　采暖能耗区域分布及节能措施探讨

　　在介绍了全国各地采暖能耗分布情况的基础上,本节探讨连栋温室节能措施和节能效应(以北京为例)。

　　通过上述分析,北方地区冬季采暖能耗普遍很大,在 34°~52°N 地区,采暖能耗要占温室运行成本的 40%~74%,温室大国荷兰,冬季采暖能耗仅占运行成本的 10%~15%。所以温室生产除了根据气候条件合理布局外,还要积极采取节能措施。节约能源,提高能源利用率是降低温室生产成本的一条重要途径,表 4-14 列出温室节能的一些措施。减少热能使用量的主要途径有四种:

　　1. 提高温室围护结构的热阻,增强温室的保温能力;

　　2. 加强温室围护结构的日常保养,减少温室室内外冷风渗透换气量;

　　3. 改进温室的温度管理模式,进行变温管理;

　　4. 加强温室供热系统的技术水平,提高供热系统的供热效率。这包括两方面,一方面要增大锅炉燃烧效率,另一方面要加强供热系统的调节能力,使其能严格按照当地的采暖度时调节,避免能量浪费。

　　现以北京为例探讨上述几种降低温室热负荷措施的节能效果。

表 4-14　温室节能措施一览表

节约能源基本方向	节约能源主要内容	具体措施
降低温室热负荷	降低室温	1. 育成耐低温性作物 2. 采用假借技术,在耐低温砧木上嫁接喜温作物 3. 利用植物激素防止落花、落果 4. 变温管理
	抑制散热	1. 加强夜间保温覆盖 2. 增加围护结构热阻 3. 采用双层屋面 4. 加强温室的日常保养,降低冷风渗透
	提高加热效率	1. 增大锅炉燃烧效率 2. 增加调节装置,减少热量浪费
	其他热能的利用	1. 太阳能 2. 地热 3. 工厂余热 4. 废弃物热源利用
以提高生产能力来提高能源效率	有效利用温室面积	1. 采用活动栽培床压缩通道面积 2. 移动架台作业,取消全部通道 3. 采用立体栽培,充分利用空间
	加强环境控制、提高生产率	1. 室内环境控制在最适宜的条件下 2. 控制室内湿度,防止病虫害 3. 冬季加温、夏季降温,周年栽培

一、温室变温管理

变温管理比恒温管理能使作物增产。温室蔬菜生产多以黄瓜、番茄为主,因此室内设计温度常以其要求温度为准。黄瓜、番茄都是喜温作物,表 4-15 为黄瓜、番茄、彩椒主要生长阶段温度控制指标。

表 4-15　主要温室作物温度控制指标

品种	生长阶段	24 h 平均温度/℃	日温/℃	夜温/℃
黄瓜	定植一周至开花	20	24	17
	开花至采收 4 周	20~23	21~25	19~20
番茄	营养生长期	20	22	16
彩椒	40 cm 高至生长结束	21~21.5	22~23	18~19

本章综合考虑上述控制指标,日温取 23 ℃,夜温取 18 ℃。对于夜温的取值,国内学者提出我国大型温室的栽培品种都由国外引进,这些品种生长所需的夜温最好在 18 ℃或以上。恒温管理平均温度取 21 ℃。

表 4-16 为北京地区玻璃温室进行恒温管理和变温管理各月度时和耗煤量的差异,加温期按本章确定的从 10 月 26 日开始到来年 4 月 4 日结束计算。

表 4-16 变温管理下采暖月的节能效果

指标	1月日平均	2月日平均	3月日平均	4月日平均	10月日平均	11月日平均	12月日平均	年耗煤量/t
度·时(恒温管理)	583	511	360	165	181	383	529	
度·时(变温管理)	561	489	338	143	159	361	507	
日耗煤量/t·亩⁻¹(恒温管理)	0.64	0.56	0.39	0.18	0.20	0.42	0.58	76
日耗煤量/t·亩⁻¹(变温管理)	0.62	0.54	0.37	0.16	0.17	0.40	0.56	80
差值/t·亩⁻¹	0.02	0.02	0.02	0.02	0.03	0.02	0.02	4

由于实行变温管理,可以使夜间采暖度时减小,节省夜间浪费的热量,从而使一天的总采暖度时相应减少,达到节能的效果,变温管理后,年耗煤量减少 4 t·亩⁻¹,节能 5%,每年节约煤费 920 元·亩⁻¹。

二、增加围护结构的热阻

温室的热负荷,有 70% 源自围护结构的传热损失,维护材料的热阻越大,则保温性越好、采暖能耗越小。表 4-17 为这三种围护结构温室的耗煤量对比。

表 4-17 不同围护结构各月耗煤量和年耗煤量

围护材料	1月日平均/t·亩⁻¹	2月日平均/t·亩⁻¹	3月日平均/t·亩⁻¹	4月日平均/t·亩⁻¹	10月日平均/t·亩⁻¹	11月日平均/t·亩⁻¹	12月日平均/t·亩⁻¹	年耗煤量/t·亩⁻¹
单层塑料	0.70	0.61	0.42	0.18	0.20	0.45	0.63	86.47
单层玻璃	0.62	0.54	0.37	0.16	0.17	0.40	0.56	76.41
双层玻璃	0.37	0.32	0.22	0.10	0.11	0.24	0.34	46.13

玻璃的节能效果高于塑料,节能 12%,每亩温室年节约耗煤费用 2314 元;双层玻璃比单层玻璃节能效果好,节能 40%,节约耗煤费用 6964 元。

三、使用保温幕及提高热利用效率

活动式内保温幕在室内与透光面之间增加了一层空气层,增加了温室的表面辐射热阻和对流换热热阻,有效地减少了温室地面长波辐射散热量,同时还可减少围护结构的对流换热量和冷风渗透量。就以世界各国连栋温室中最常用的保温幕镀铝保温幕为研究对象,计算了镀铝保温幕的节能效果,保温幕的热节减率在玻璃温室中为 0.5,按夜间使用 14 h 计,使用保温幕的单层玻璃温室与不使用保温幕相比,平均每亩年耗煤量减少 22 t,合人民币 5106 元,节约采暖能耗 29%,使用保温幕的双层玻璃温室与不使用保温幕的单层玻璃相比,平均每亩年耗煤量减少 44 t,合人民币 10044 元,节约采暖能耗 57%。

提高热利用效率也是采暖节能的有效途径,我国北方连栋温室普遍需要集中供暖,集中供暖多采用热水供暖系统,热水供暖系统的热利用效率为 0.5~0.7,若利用效率从 0.6 增加到 0.7,则每亩温室年耗煤量减少 5 t,合 1150 元·亩⁻¹,节能 14%。

表 4-18 为各措施的节能效果总结。在实际应用中,要进行材料投入同节能费用之间的经济性比较,以全面衡量哪种材料经济合理。

表 4-18　各节能措施的节能效果(北京)

降低期间热负荷	具体措施	每亩年耗煤量/t	节能效果/%
变温管理	单层玻璃(恒温管理)	80	5
	单层玻璃(变温管理)	76	
增加围护结构热阻	薄膜温室(变温管理)	86	12(同塑料温室比)
	单层玻璃(变温管理)	76	47(同塑料温室比)
	双层玻璃(变温管理)	46	40(同单层玻璃比)
利用保温幕	单层玻璃＋镀铝保温幕一层	54	29(同单层玻璃比)
	双层玻璃＋镀铝保温幕一层	33	57(同单层玻璃比)
提高热利用效率	单层玻璃＋镀铝保温幕一层(热利用效率 0.6)	76	14
	单层玻璃＋镀铝保温幕一层(热利用效率 0.7)	65	

四、小结

1. 北方区以玻璃温室、南方区以塑料温室为研究对象,结合各区气候条件,分析了连栋温室加温能耗在各气候区的分布状况,探讨了温室在各气候区的适应性。

①以云南为代表的南方Ⅴ区发展连栋温室的气候条件优越,冬季不冷,夏季不热,冬季光照充足,采暖能耗小,夏季温室降温幅度不大,适宜连栋温室发展。北方ⅣB的部分地区如西藏林芝、昌都、拉萨,虽冬季加温时间较长,但加温期间的平均温度较高,加温能耗在北方区较低,光照资源充足,夏季温度不高,周年生产能耗主要用于冬季的采暖,也较适宜连栋温室的发展。

②以北京为代表的北方ⅢB区,冬季加温时间在北方区有 5 个月左右,加温能耗可观;夏季较热,降温也需要一定能耗,周年生产能耗主要以采暖为主;冬季光照情况居中,考虑到此区大城市集中,经济发达,连栋温室具有较大发展潜力。以上海、杭州为代表的南方ⅠB区,冬季加温能耗虽不如北方ⅢB区大,但夏季降温时间较长,周年发展主要解决夏季的蓄热问题,冬季采暖也不能忽视,该区沿海城市夏季高温持续时间相对较短,此区经济发达,连栋温室同样具有发展潜力。

③其他地区,或冬季寒冷采暖能耗巨大,或夏季炎热高温持续时间较长,或光照资源严重亏缺,发展连栋温室的潜力不大。

2. 以北京为例分析了降低温室热负荷的几个措施,计算表明,采用变温管理(室内设计温度白天 23 ℃、夜间 18 ℃)比恒温管理(室内设计温度 21 ℃)每亩温室可以节约采暖能耗 5%;通过采用不同覆盖材料,发现玻璃温室比塑料温室节约能耗 12%,双层玻璃比单层玻璃节能 40%;利用镀铝保温幕一层,可以节约采暖能耗 29%;提高锅炉的热利用效率 10%,可以节能 14%。在温室的实际设计中,如何选择材料或节能措施,要比较其节能效果和投入费用,进行经济性分析,以最大限度节约生产成本。

第五章　日光温室土壤温度环境
特征及调控措施

第一节　土壤增温措施研究现状

日光温室是一种以太阳能作为主要能源的园艺设施,也称节能型温室。因其不用常规能源进行加热,也能在冬季生产喜温蔬菜,而获得较高的经济效益和社会效益。

在北京地区,有 70%～80% 的日光温室冬春茬种植黄瓜。黄瓜是喜温的浅根蔬菜,根集中分布于 0～0.30 m 土层,黄瓜生育前期适宜地温 17～18 ℃,黄瓜对地温的变化非常敏感,地温过低,不仅影响黄瓜的养分、水分、无机盐的吸收,而且影响光合作用、呼吸作用的进行,导致黄瓜叶片变黄,地上部分不生长,严重影响黄瓜的生长发育。土壤温度高低对日光温室生产水平影响很大。以往,对日光温室的采光、保温性的研究和报道较多,并取得一定的成绩。而对提高日光温室地温的研究却很少。因此,农业部重点立项课题将提高地温作为日光温室一项重要的配套技术。国内外提高地温的方法很多:比利时、日本、瑞士、匈牙利、中国等国家利用地下温泉,地下热,工厂余热的地中加热法以及铺设地热线方法,对提高地温都有明显的效果。受自然资源、地理位置及经济条件的限制,这类需要投资和消耗能源的方法在现阶段我国的广大农村还难以普及。

国内提高地温简易方法有:①室内或室外挖防寒沟;②覆盖地膜;③施用有机肥或草粪等。这些方法在生产中都起到一定的作用。多停留在生产经验上,系统的研究不多。

白天,进入日光温室的热量,大部分被土壤吸收,其中一部分向地中传导,使土壤升温蓄热,一部分热量在土壤中经过横向传导而传递到室外土壤中,夜间蓄积在土壤中的热向室内传递,补充温室的热量,缓解日光温室夜间降温速度,保证作物正常生长发育,至于蓄积在土壤中的热如何传导、分配以及土壤热状况的变化机制是怎样的,理论的研究很少。日本高仓直等(1981)对于地下热交换温室进行了一维模型的研究;小仓佑幸(1982)对不加温温室的地中热量进行了测定;澳大利亚 Bristow 和 Campell(1986)在没有考虑覆盖层厚度、密度的条件下对土壤残茬覆盖大气系统进行一维的模拟研究;国内中国科学院地理研究所陈发祖(1980)也在假设忽略覆盖物与地表间空气层热交换及覆盖物上下表面热传导的情况下,建立了一维土壤热传导的数学模型;北京农业机械化学院马承伟(马承伟,1985;马承伟 等,1999)在试验的基础上提出用数学物理方程描述地下热交换温室的地温场变化,但仅适用于地下热交换温室。隋红建(1992a,1992b)用有限元方法定量分析了田间不同的覆盖层下土壤水热状况,为综合评价和选用农用覆盖材料提供了手段。而对于温室土壤热状况尤其是不加热温室的研究报道是非常少见的。

因此,试图用物理和生物相结合的方法提高日光温室内的地温,降低成本,解决生产中的实际问题,并在前人研究基础上用有限差分法对日光温室的土壤热状况进行定量分析,为综合评价和选用提高日光温室地温的方法提供手段和理论依据显得很有必要。

第二节　日光温室土壤热状况数学模型

在获得基础数据的基础上,通过构建数学模型的方法研究我国不同地域日光温室一日中的土壤温度场的分布状况,得到较为科学合理的土壤温度蓄积和传递规律,结合立地实际情况,提出适宜的、操作性强的土壤增温措施。

一、数学模型的建立

一般土壤中,温度 T 的分布可以看作是空间坐标 x,y,z 和时间过程 t 的函数,即

$$T = T(x,y,z,t) \tag{5-1}$$

了解温度场的分布情况,首先要得到(5-1)式的数学表达式,在傅立叶定律基础上利用能量守恒定律把土壤中各点的温度联系起来,建立起温度场通用的微分方程,即导热微分方程,它表达了土壤温度随时间和空间变化的关系。三维温度场的导热微分方程如下:

$$C_\rho \partial T / \partial t = \partial(\lambda \partial T / \partial x) / \partial x + \partial(\lambda \partial T / \partial y) / \partial y + \partial(\lambda \partial T / \partial z) / \partial z \tag{5-2}$$

式中,C 为容积比热(J · m^{-3} · ℃$^{-1}$);ρ 为密度(kg · m^{-3});λ 为导热系数(W · m^{-1} · ℃$^{-1}$)。

假设裸露土壤为各向同性,即 λ, ρ, C 为常数,(5-2)式可简化为:

$$\partial T / \partial t = (\lambda / C_\rho)(\partial^2 T / \partial x^2 + \partial^2 T / \partial y^2 + \partial^2 T / \partial z^2) \tag{5-3}$$

在日光温室土壤中,可以认为温度场与水平的东西坐标方向无关,三维温度场可简化为垂直方向和水平的南北坐标方向的非稳态二维温度场。

$$T(y,z,t)$$

则土壤的非稳态二维温度场的数学表达式可表示为:

$$\partial T / \partial t = (\lambda / C_\rho)(\partial^2 T / \partial y^2 + \partial^2 T / \partial z^2) \tag{5-4}$$

对于偏微分方程一般只能用数值法求解,常用的主要方法:有限元法和有限差分法。有限元法能够比较灵活地处理复杂的边界条件,但在区域离散和具体运算时,计算量较大。有限差分法的区域离散比较简单,运算速度较快,在计算均质、边界规则条件时,倍受青睐。具体步骤如下。

1. 区域温度场的离散

温度场数学模型的有限差分法首先将连续的温度场离散成有限数量的单元,单元间的中心为结点,结点值代表单元的特征,用单元的特征代表整个温度场的特征,离散的单元越小,个数越多时,所得的结果越接近真实温度场,实际应用中在满足精度的情况下,尽可能减少离散单元个数。

在非稳态二维温度场的计算区域中,先把空间离散,由若干矩形单元组成的网格排列在区域中,为了研究方便,假定在 y 方向和 z 方向网格距 Δy 和 Δz 是不变的,用角标 (j,k) 代表结点在网格中的位置,再把时间离散分割成许多间隔 Δt。

空间离散温度场如图 5-1 所示。

2. 求解温度场

非稳态导热问题的求解就是从 $t=0$ 出发,依次求得 Δt、$2\Delta t$、$3\Delta t$ 时刻土壤各结点温度。

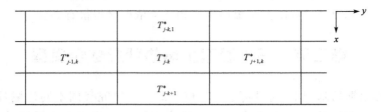

图 5-1　温度场离散示意图

用差商代替微商有:

$$\partial T/\partial t = [T_{j,k}(t+\Delta t) - T_{j,k}(t)]/\Delta t$$

$$\partial^2 T/\partial y^2 = [T_{j+1,k}(t') - 2T_{j,k}(t') + T_{i-1,k}(t')]/\Delta y^2$$

$$\partial^2 T/\partial z^2 = [T_{j,k+1}(t') - 2T_{j,k}(t') + T_{i,k-1}(t')]/\Delta z^2$$

其中令

$$T(y_j, z_k, t) = T(j,k,t) = T_{j,k}(t) \quad t = 0,1,\cdots,N \tag{5-5}$$

对每个结点进行代换之后得到含 N 个未知结点的 $T_{j,k}(t+\Delta t)$ 的 N 个方程:

隐式差分具有无条件稳定的特点。令 $t' = t + \Delta t$,可得到隐式差分格式:

$$(\lambda/C\rho\Delta y^2)T_{j+1,k}(t+\Delta t) + (\lambda/C\rho\Delta y^2)T_{j-1,k}(t+\Delta t) +$$
$$(\lambda/C\rho\Delta z^2)T_{j,k+1}(t+\Delta t) + (\lambda/C\rho\Delta z^2)T_{j,k-1}(t+\Delta t) +$$
$$(-\lambda/C\rho\Delta y^2 - \lambda/C\rho\Delta z^2)T_{j,k}(t+\Delta t) + (1/\Delta t)(T_{j,k}(t+\Delta t)) \tag{5-6}$$
$$= 1/\Delta t T_{j,k}(t)$$

式中, $j = 1,2,3,\cdots,My; k = 1,2,3,\cdots,Pz$。

当 $T_{j,k}(t)$ 已知时(5-6)式是对温度场 $T_{j,k}(t+\Delta t)$ 的线性联立方程组,若由初始温度场 $T_{j,k}(t_0)$ 开始,求各时刻的温度场问题,就被简化成为一个以连续的时间步长一步一步计算直到要求的时间为止的线性方程组的求解问题。

对于初始温度场中没有实测值的结点温度可用二元函数分片光滑逼近方法中矩形域分片双一次插值法求得。

具体方法:在 oyz 平面给定一个矩形域 $A_1A_2A_3A_4$,顶点坐标 $A_i(y_i, z_i)$, A_i 上给定函数值 $T(y_i, z_i)$,插值函数 $U(y,z)$ 为:

$$U(y_i, z_i) = \sum_{i=1}^{4} T(y_i, z_i)(1+y_iy)(1+z_iz)/4 \tag{5-7}$$

在求解(5-6)式前令:

$$(j,k) \rightarrow i = (k-1) \times p_{z+j}$$

这样方程用更简单的形式表示:

$$a_{i1}T(t+\Delta t) = b_k \tag{5-8}$$

式中, a_{i1} 是 $N \times N$ 矩阵, $N = My \times Pz$ 是结点数

a_{i1} 带宽为 $2Ny+l$ 的对角矩阵,带宽外元素为零,为了节省运算时间选用 A_{i1} 新矩阵储存带宽内元素,Brebbia,ferrante 证明用 Gauss—Jordan 同样可以解带宽状矩阵。运用 BASIC 程序,解出这个方程组即得到所需时刻的温度场。

3. 计算土壤热通量

在已知任意时刻温度场时,可求得垂直方向,水平方向的土壤热通量。

①垂直方向的土壤热通量

$$q_z = -\lambda_z \times \partial T(t)/\partial Z = -\lambda_z \times [T_{j,k+1}(t) - T_{j,k}(t)]/\Delta z \tag{5-9}$$

式中,q_z 垂直方向的土壤热通量(W·m^{-2});λ_z 为土壤导热率,在各向同性前提下为常数。

②水平方向的土壤热通量

$$q_y = -\lambda_y \times \partial T(t)/\partial Y = -\lambda_y \times [T_{j+1,k}(t) - T_{j,k}(t)]/\Delta y \tag{5-10}$$

二、数学模型的验证

试验温室东西长 103.0 m,南北宽 6.0 m,取温室正中 4.0×6.0 m^2 不施任何措施的自然土壤为计算区域,水平的东西方向的热传导忽略,图 5-1 所示的非稳态的二维温度场,其中 $\Delta y = 0.10$ m,$\Delta z = 0.025$ m,$\Delta t = 1$ h。将观测时段的初始温度场结点值和边界条件代入模型,可以求得任意时刻温度场的结点值。

下面验证用数学模型求得温度场的可靠性。

(一)土壤温度场的分布

图 5-2 为土壤温度场 1992 年 12 月 14—15 日的变化情况,图 5-2a 土壤处于蓄热阶段,等温线平缓,温度与垂直方向的温度梯度向下;图 5-2b 为土壤处于放热阶段,垂直方向温度梯度随着深度的增加而减小,等温线逐渐稀疏。可以说,模拟温度场与实际温度场的趋势是一致的。

图中 94% 的实测点与模拟温度场等温线拟合得很好(温度绝对误差<0.5 ℃),在对应等温线所包围的范围内,仅有 6% 的实测点与等温线偏高较大(温度绝对误差在 0.5~1.0 ℃)。

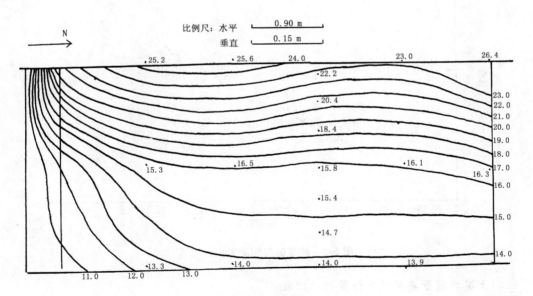

(a)1992 年 12 月 14—15 日

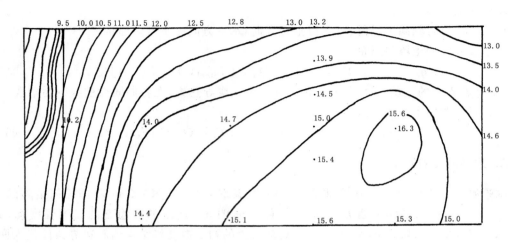

(b)1992 年 12 月 14—15 日

图 5-2　土壤温度场的变化(单位:℃)

(二)实测值与计算值的比较

利用模型模拟 1992 年 11 月 15－16 日温度场结点值,计算值与实测值比较如图 5-3 所示。

图中样本数 $N=84$,实测值与计算值的简单相关系数 $R=0.86$,$t0.01(82)=2.617$,$t=15.07$,相关系数通过统计检验,平均绝对误差 0.1 ℃。

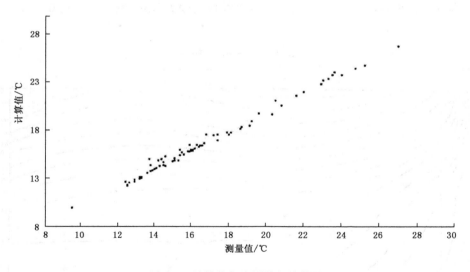

图 5-3　计算值与实测值拟合结果

(三)土壤热通量实测值与计算值的比较

热通量的实测值是用热通量板测表层土壤的热通量,由图 5-4 可见:实测值与计算值随时间变化的趋势基本一致,平均绝对误差为 4.6 W·m^{-2},相对误差 12.8%。

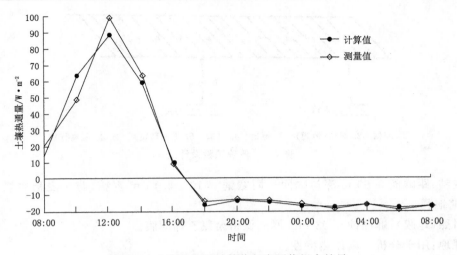

图 5-4　土壤热通量计算值与实测值拟合结果

综上所述,我们可以认为日光温室土壤热状况的数学模型是可靠的,尤其是夜间的效果更好。

第三节　土壤各增温措施分析

一、试验地概况

1991 年 10 月—1992 年 4 月试验设在昌平区南邵乡张各庄村温室群 2 号温室中,该温室群处于 100 亩大田的中部,8 栋温室,南北四行,东西两排,试验温室是南起第二行的东排温室,坐北朝南拱形温室,竹竿拱架,水泥柱,中间有木支柱,覆盖薄膜为河北田纳西生产的 PVC 无滴膜,缓冲间在温室的西侧,温室东西长 45 m,南北跨度 5.8 m,高 2.5 m,后墙 0.60 m,内外红砖各 0.24 m,中间夹土层 0.12 m,前屋面角度 37°,主栽长春密刺黄瓜。

1992 年 10 月—1993 年 2 月试验设在昌平区阳场镇农工商总公司温室群的 2 号温室,温室群处于 30 亩大田的北部,5 栋温室南北排列,2 号温室位于南起第二排。该温室是鞍Ⅱ型日光温室,坐北朝南,东西长 103 m,跨度 7.2 m,中柱高 2.8 m,钢筋拱架,无立柱,覆盖 PE 无滴膜。后墙 0.60 m,内外红砖各 0.24 m,中间夹煤渣 0.12 m。冬季主栽农大 14 黄瓜。

二、试验设计

提高地温试验分单项试验和组合试验两个阶段,第一阶段观测,比较几种提高地温措施的增温效果,然后,将增温显著的措施组合起来,进行第二阶段组合试验。

（一）单项试验

1991 年 10 月—1992 年 4 月在昌平区南邵乡张各庄村日光温室内进行。试验设计如图 5-5 所示。温室内做 34 个畦,畦面宽 0.80 m,相邻两畦中心距 1.3 m,畦高 0.10 m。试验设两个重复,在每个重复中各种措施随机排列,措施之间设隔离行,每个措施设连续的三个畦,中间畦为土壤温度和热通量的观测畦。

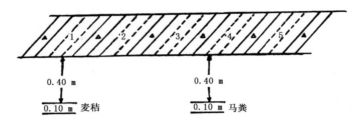

1. 麦秸　2. 对照(地膜)　3. 裸地　4. 马粪　5. 土面覆盖剂　6. ▲(隔离行)

图 5-5　单项试验设计图

1. 麦秸:距畦面 0.50 m 深与畦同长同宽铺 0.10～0.15 m 麦秸,防止麦秸腐烂,外包薄膜,畦面铺地膜。

2. 对照(地膜):畦面铺 0.03 mm 厚的低密聚氯乙烯薄膜。

3. 裸地:用于分析土壤传热特性。

4. 马粪:距畦面深 0.50 m 铺与畦同长同宽的 0.10～0.15 m 厚新鲜马粪,铺时灌水,含水 70%～80%。畦面铺地膜。

5. 土面覆盖剂:是天津轻工化学研究所二室研制的土面覆盖剂 2 号,将畦面整平,没有大的土块,喷水使畦面温润,用喷雾器将其喷在畦面,成膜后为深棕色。每亩用土面覆盖剂 25～100 kg,土面覆盖剂与水的比例为 1:5(重量比),0.6 kg·畦$^{-1}$。

6. ▲:隔离行(铺地膜)。

(二)组合试验

1992 年 10 月—1993 年 2 月设在昌平区阳场镇农工商总公司的日光温室中,把前年的单项试验中增温效果较好的马粪、麦秸和土面覆盖剂组合使用。试验设计如图 5-6 所示。

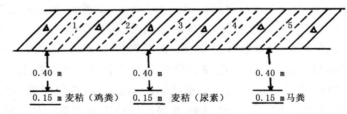

1. 土面覆盖剂＋麦秸(混入鸡粪)　2. 地膜　3. 土面覆盖剂＋麦秸(混入尿素)　4. 对照
5. 土面覆盖剂＋马粪　6. △为隔离行

图 5-6　组合试验示意图

1. 土面覆盖剂＋麦秸(混入鸡粪):畦面喷天津轻工化学研究所研制的土面覆盖剂 2 号,距畦面 0.40 m 深铺 0.15 m 厚的麦秸＋鸡粪。麦秸、鸡粪的混合物 C/N 为 30。铺时灌水,其含水率为 70%～80%。

2. 地膜:畦面铺 0.03 mm 厚的低密聚氯乙烯薄膜。

3. 土面覆盖剂＋麦秸(混入尿素):畦面喷天津轻化所研制的土面覆盖剂,距畦面 0.40 m 处铺 0.15 m 厚的麦秸与尿素混合物,比例为 100 kg 麦秸加 3.6 kg 尿素,混合物的 C/N 与新鲜马粪的 C/N 相同,为 28%,预期起到人造马粪的效果。灌水,其含水率为 70%～80%。

4. 对照:没做任何处理的自然裸地。

5. 土面覆盖剂＋马粪：畦面喷土面覆盖剂，距畦面 0.40 m 深铺 0.15 m 厚的新鲜马粪，铺时马粪加水，灌水，其含水率为 70%～80%。

6. △:隔离行（铺地膜）。

三、增温效果

（一）各措施间差异的统计检验

应用成对平均数比较的方法对 1991 年、1992 年各措施间差异进行统计检验，其结果如表 5-1 和表 5-2 所示。

表 5-1　1991 年各处理间差异统计检验

处理	麦秸	对照	马粪	覆盖剂
麦秸		0	＋＋	＋＋
对照	0		＋＋	＋
马粪	＋＋	＋＋		＋
覆盖剂	＋＋	＋	＋	

表 5-2　1992 年各处理间差异统计检验

处理	覆＋麦秸＋鸡粪	地膜	覆＋麦秸＋尿素	对照	覆盖剂＋马粪
覆＋麦秸＋鸡粪		＋＋	＋	＋＋＋	＋0
地膜	＋＋		＋	＋	＋＋＋
覆＋麦秸＋尿素	＋	＋		＋＋	＋
对照	＋＋＋	＋	＋＋		＋＋＋
覆盖剂＋马粪	＋0	＋＋＋	＋	＋＋＋	

注：1. 1991 年样本数 $N=456$，1992 年样本数 $N=357$；数据来源于所有观测日内所有土层、各时刻观测值成对比较。

2. 没有通过显著水平 0.05 检验记为—；通过显著水平检验记为＋；

3. 对于通过显著水平检验的分级：温度差均值＜0.5 ℃，记为＋0；温度差均值＞0.5 ℃，记为＋；温度差均值＞1.0 ℃，记为＋＋；温度差均值＞1.5 ℃，记为＋＋＋。

由表 5-1 可以看出：1991 年单项试验中各措施与对照地（地膜）相比，马粪的增温效果最好，平均增温 1.2 ℃；土面覆盖剂次之，平均增温 0.7 ℃。

由表 5-2 可以看出，1992 年组合试验中各组合措施较对照地（裸地）及地膜相比都有显著差异，其中土面覆盖剂＋马粪的增温效果最好，较对照地平均提高地温 1.9 ℃，较地膜平均提高地温 1.5 ℃，土面覆盖剂＋麦秸（混入鸡粪）次之，较对照地平均提高地温 1.6 ℃，较地膜平均提高地温 1.3 ℃。土面覆盖剂十麦秸（混入尿素）较对照地提高地温 1.0 ℃，较地膜平均提高地温 0.8 ℃。麦秸中混入鸡粪和混入尿素，增温效果是有差异的，前者平均高 0.5 ℃，土面覆盖剂＋马粪较混入鸡粪的麦秸平均温度提高 0.3 ℃，较混入尿素的麦秸平均温度提高 0.8 ℃，可认为混入鸡粪的麦秸起到了人工马粪的作用。混入尿素的麦秸通过调节 C/N、水分含量、铺设期等措施来调节其发热效果。

（二）各措施对不同深度的增温效果

各措施的增温效果随试验措施持续时间、深度和观测时刻的不同而不同。从表 5-3 中可以看出各措施与对照相比的增温效果。

表 5-3　各措施不同深度的增温（单位：℃）

处　理	0.00 m	0.05 m	0.1 m	0.15 m	0.20 m	0.30 m	0.40 m	平均
麦秸	0.0	0.0	0.1	0.1	0.6	1.1	1.8	0.5
马粪	1.7	1.7	1.7	2.3	2.6	3.0	3.2	2.3
土面覆盖剂	1.5	1.3	1.1	0.9	0.8	0.9	0.7	1.0
覆盖剂＋麦秸＋（鸡粪）	1.7	1.4	2.1	2.4	2.8	3.0	4.0	2.5
地膜	0.6	0.8	0.8	0.9	0.9	0.7	0.4	0.7
覆盖剂＋麦秸（尿素）	1.5	1.4	1.3	1.2	1.5	1.5	1.9	1.5
覆盖剂＋马粪	2.2	2.1	2.1	2.6	2.7	3.1	4.2	2.7

表 5-4　各措施不同深度的增温效果对比

处理	增温最大层		增温最小层	
	土层/m	提高温度/℃	土层/m	提高温度/℃
麦秸	0.40	1.8	0.00	0.0
马粪	0.40	3.2	0.00	1.7
土面覆盖剂	0.00	1.8	0.40	0.7
覆盖剂＋麦秸＋（鸡粪）	0.40	3.3	0.10	1.3
地膜	0.05	0.9	0.40	0.3
覆盖剂＋麦秸（尿素）	0.40	1.9	0.05	0.7
覆盖剂＋马粪	0.40	4.2	0.05	1.8

表中数据是温室内气温最低时（早上 08 时）的观测值，时间是措施实施后 15 d。

从表 5-4 可知：

1. 单项试验中，土面覆盖剂增温效果随着深度的增加而逐渐减小，表层的增温效果最好，增温 1.8 ℃。增温效果最差的是观测最深层 0.40 m 处，仅有 0.7 ℃。马粪的增温效果随着深度的增加而逐渐增加，接触马粪铺设层的 0.40 m 土层的增温效果最好，可达 3.2 ℃。增温效果最差的表层为 1.7 ℃。而麦秸在持续实施 90 d 以后，0.40 m 土层可增温 1.8 ℃。

2. 组合试验中各组合措施的增温效果随着深度的变化趋势与单项试验不同，在 0.05～0.20 m 土层，组合试验效果明显高于单项试验的增温效果。有效地提高了根分布层的土壤温度，这也正是我们做组合试验的目的。

3. 各土层平均增温效果最好的是土面覆盖剂＋马粪，平均增温 2.7 ℃，其次是土面覆盖剂＋麦秸（混入鸡粪），平均增温 2.5 ℃，然后依次是马粪平均增温 9.3 ℃，土面覆盖剂＋麦秸（混入尿素）平均增温 1.5 ℃，土面覆盖剂 0.0 ℃，地膜 0.7 ℃；麦秸平均增温 0.5 ℃。

（三）不同天气条件下各措施增温效果的比较（表5-5）

表5-5　不同天气条件下各措施增温效果比较

年份	措施	晴天地温/℃		阴天地温/℃	
		最低	最高	最低	最高
1991年	麦秸	14.6	15.7	12.3	13.1
	地膜	14.5	15.7	12.3	13.1
	马粪	15.9	16.7	13.5	14.0
	土面覆盖剂	15.3	16.1	12.7	13.6
1992年	覆盖剂＋麦秸（鸡粪）	16.5	18.1	14.4	16.1
	地　膜	15.4	17.6	13.4	15.3
	覆盖剂＋麦秸（鸡粪）	15.7	18.3	13.8	15.7
	对　照	14.8	17.0	13.1	15.0
	覆盖剂＋马粪	16.8	18.4	15.0	16.5

注：表中数据是所有观测日（1991年31 d晴天，12 d阴天，1992年33 d晴天，15 d阴天）的平均值。

由表5-5可知：

1. 单项试验的最低温度：晴天马粪平均增温1.4 ℃，土面覆盖剂平均增温0.8 ℃，阴天马粪平均增温1.2 ℃，面覆盖剂平均增温0.4 ℃，晴天阴天马粪增温效果差别不大，而土面覆盖剂晴天阴天增温效果差别较大。这主要是由于两种措施的增温机理不同所致。

2. 组合试验的最低温度：土面覆盖剂与各酿热物结合使用时，晴天阴天增温效果差异不大，酿热物增温效果与天气条件关系不大而引起的，地膜增温效果晴天优于阴天。

3. 在组合试验中，对照地平均最高温度17 ℃，各组合措施的平均最高温度18.2～18.4 ℃，虽然仅提高1.2 ℃左右，但对于生长发育适宜地温为17～18 ℃的黄瓜而言，这1.2 ℃是非常有效的。

（四）各措施增温效应的持续性

试验中各措施的增温效果是随着时间的推移而变化的，新鲜的马粪在铺设20 d后0.15 m以下土层增温2.3～3.2 ℃，25～32 d后增温1.5～2.0 ℃，40～50 d后增温1.0～1.5 ℃，60 d后仍可增温0.0 ℃。

土面覆盖剂，使用后2～3 d即有增温作用，前15 d内在0.10 m以上土层增温1.8 ℃左右，15～30 d内增温1.0～1.5 ℃，增温作用可持续到50 d左右。

组合试验各种措施在30 d以内使0.15 m土层增温2.0～2.5 ℃，60 d以内0.15 m土层增温1.5～2.0 ℃。可以说组合措施大大地提高了增温的时效。其发热过程如图5-7所示。

（五）各措施增温效果的日变化

图5-8、图5-9分别是1991年11月14—15日（措施实施16 d）0.05 m、0.20 m土壤温度的日变化情况。

从图中可见：

1. 随着深度的增加，土壤温度日变幅减小，各措施0.05 m最高温度出现在14时，最低温度出现在08时。0.2 m最高温度出现在20时，最低温度出现在12时；

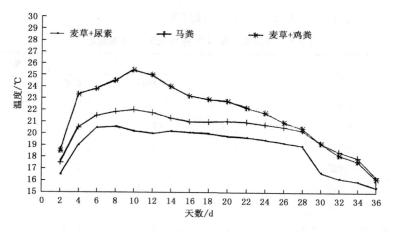

图 5-7　各措施土壤增温效应

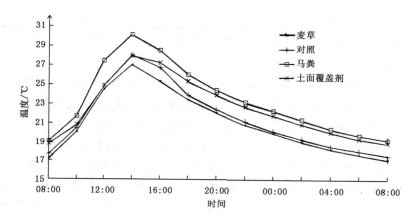

图 5-8　1991 年 11 月 14—15 日各措施增温效果日变化(0.05 m 土壤)

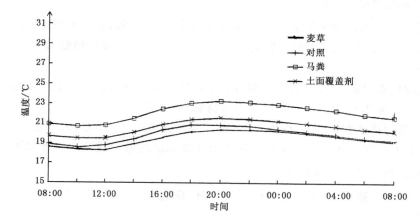

图 5-9　1991 年 11 月 14—15 日各措施增温效果日变化(0.20 m 土壤)

　　2. 土面覆盖剂盖帘后到翌日揭帘前提高地温的幅度较白天大,马粪在 12 时—翌日 08 时增温幅度大;

3. 图 5-10 是 1992 年 2 月 17—18 日(措施实施 95 d)0.20 m 各措施的土壤温度日变化图，与图 5-9 相比，麦秸的增温效果明显高于图 5-9 的增温效果，随着时间的推移麦秸的增温增大。

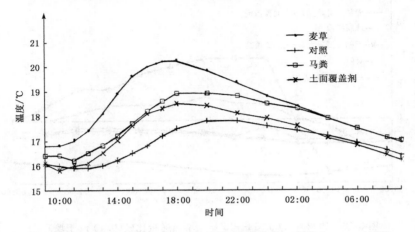

图 5-10　1992 年 2 月 17—18 日各措施增温效果日变化(0.20 m 土壤)

四、增温原因

各措施的增温效果是随着深度、天气条件、持续时间的变化而变化的，下面简单分析各措施的增温原因。

以 1992 年 11 月 14—15 日(措施实施 18 d)观测为例。图 5-11 为 1992 年 11 月 14—15 日 0.40 m 的土壤温度日变化图；图 5-12 为该时间内以 0.40 m 为界面的土壤热通量，热通量垂直向下为正，向上为负。各措施地温相比表明，土面覆盖剂＋麦秸(混入鸡粪)温度最高，其次是土面覆盖剂＋马粪，然后依次是土面覆盖剂＋麦秸(混入尿素)、地膜、对照。

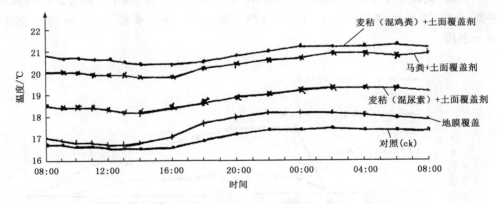

图 5-11　1992 年 11 月 14—15 日土壤温度日变化(0.40 m 土壤)

(一)土面覆盖剂是一种化学乳剂，喷于土壤表面，结化学膜，可以有效地抑制土壤水分的蒸发，从而减少了大田辐射能的潜热消耗，改变了地表的辐射状况和与吸热散热规律，重新调整了地表热量与水分平衡各组分的数值。

覆盖地膜与对照(裸地)相比，潜热交换趋于零。显热交换受到抑制。

　　如图 5-12 比较以 0.40 m 为界面的地膜地与对照地的土壤热通量。

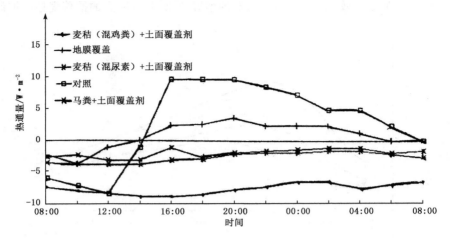

图 5-12　1992 年 11 月 14—15 日土壤热通量比较(0.40 m 土壤)

　　14:00 至翌日揭帘前时段内,对照地与地膜地的热通量皆为正值,但对照地热通量值大于地膜地的热通量,表明对照地向 0.40 m 以下土层的传热量大于地膜地的热量,即蓄积在 0.40 m 以上土层的热量对照地小于地膜地,所以 0.40 m 土层的地温,对照地小于地膜地。

　　揭帘后至 14:00 时段内,对照地和地膜地的热通量为负值,但由于对照地以潜热交换和显热交换向空气散热,对照地 0.40 m 的地温仍小于地膜地的地温。

　　图 5-13、图 5-14 分别为 0.05 m 地温和以 0.05 m 为界面的土壤热通量,地膜地 0.05 m 地温高于对照的;18:00 以前,对照地和膜地 0.05 m 界面热量都是向下传导的,因地膜表面的温度大于对照地温度,地膜向下传导的热量大于对照,换言之,对照地截流在 0.05 m 上层的热量大于膜地,截流在本层的热量除用于提高本层土壤的温度外,其中一部分以潜热和显热的形式释放出去,覆盖地膜后潜热趋于零,显热交换减少,所以地膜 0.05 m 温度高于对照地 0.05 m 温度。

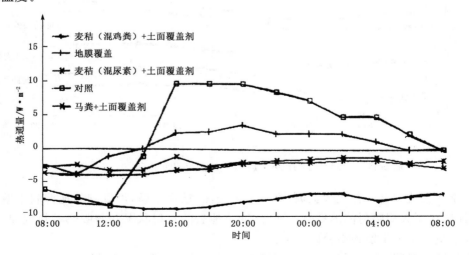

图 5-13　1992 年 11 月 14—15 日土壤地温比较(0.05 m 土壤)

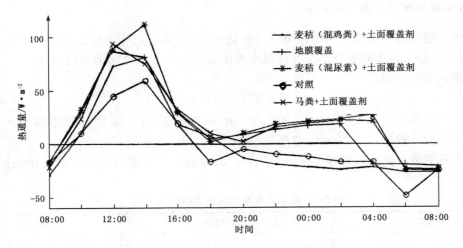

图 5-14　1992 年 11 月 14—15 日土壤热通量比较(0.05 m 土壤)

（二）马粪、麦秸（混入尿素）、麦秸（混入鸡粪）：酿热加温原理是微生物分解有机质时产生热量,存在于酿热物中的细菌,放线菌,真菌中对发热起主要作用的是好气性细菌,好气性微生物的繁殖活动决定了发热的温度高低和持续时间,而好气性微生物分解活动的强弱则与酿热物的碳、氮、氧和水有关。微生物活动的能源是碳(C),活动的营养是氮(N),当酿热物的碳氮比(C/N)为 20～30 时,含水量为 70%,10 ℃的起始温度和适量氧气时,好气性微生物的繁殖活动旺盛,发热正常而持久,若碳少氮多,C/N＜20,发热温度高,能源不足不能持久,反之,C/N＞30,发热温度低而持久。

新鲜马粪的 C/N 为 28,属高酿热物,且通气良好,所以发热快,初期酿热温度高,并维持较长时间,但随着机械化程度的提高,牲畜越来越少,马粪的来源越来越紧缺,有必要寻找马粪替代物。麦秸是低酿热物,C/N 为 72,C 多 N 少,发热温度低,单独使用不易发热,与 N 素营养或高酿热物混用,可提高发热温度。

虽然混入尿素的麦秸的 C/N 与马粪、混入鸡粪的麦秸的 C/N 一致,但试验结果表明其增温效果却不及马粪、混入鸡粪的麦秸增温效果明显,原因可能是由于混入尿素的麦秸中微生物的数量少于马粪和混入鸡粪的麦秸的微生物的数量。

通过上面计算分析,混入鸡粪的麦秸的增温效果与马粪的增温效果差异不大,可以认为:麦秸中混入有充足来源的鸡粪可作为马粪的替代物。

有酿热物的三个组合措施与对照地和地膜地以 0.40 m 为界面的热通量比较,三个组合措施全天任何时段内 0.40 m 界面的土壤热通量都是负值,0.40 m 以上土层全天都是得到热量的。而地膜和对照地在 14:00 至翌日揭帘前时段内,热通量为正值,即 0.40 m 以上土壤向 0.40 m 土壤传热。所以 0.40 m 以上的土壤温度,对照,地膜都低于三个组合措施的土壤温度,有机酿热物层的存在,由于本身发热该层附近的土壤温度升高,使其土壤温度梯度向上,有效地阻隔了上层的热量向下的传递,使土壤吸收的太阳辐射能都截留在隔离层以上土壤层,全都用来增加该层以上的土壤温度。

由此可以推断,可根据不同作物根分布层的深度来调节酿热物埋设深度,使尽可能多的热量留在根分布层中。

五、各增温措施对温室气温的影响

温室内土壤与室内空气之间不停地进行着热交换,固体与流体的热交换包括对流、传导、辐射,对流和传导合称为对流换热。在此仅考虑土壤与室内空气之间的对流换热。

对流换热基本方程:

$$q = \alpha(T_w - T_r) \tag{5-11}$$

式中,T_w 为土壤表面的温度(℃);T_r 为距地 1 m 高处气温(℃);α 为换热系数(J·m^{-2}·S^{-1}·℃$^{-1}$)经验系数为 20;q 为对流换热量(W·m^{-2})。

计算得各措施对流换热通量如表 5-6 所示。试验温室与对照温室气温状况比较如表 5-7 所示。

表 5-6　各措施对流换热通量(W·m^{-2})

覆盖剂+麦秸(鸡粪)	地膜	覆盖剂+麦秸(尿素)	对照	覆盖剂+马粪
56.8	43.6	49.8	38.0	72.0

表 5-7　试验温室与对照温室气温状况比较(℃)

处　理	最低气温	最高气温
试验温室	12.7	14.2
对照温室	7.9	13.5

注:表中数据是所有观测日平均值。

对照温室与试验温室结构完全相同,主栽芹菜,土壤未施做任何措施。

由此可以看出,土壤增温措施在提高地温的同时,一定程度提高了温室内的气温。

六、土壤水平传热状况分析

表 5-8　水平积垂直传热比较(W·m^{-2})

时间	水平	垂直
08:00	−23.2	−15.9
12:00	−44.7	71.9
16:00	−35.0	9.24
20:00	−27.3	−5.9
00:00	−22.9	−12.8
04:00	−25.1	−15.0
总　计	−176.0	31.5

从表中看出,全天土壤吸收太阳辐射能 31.5 W·m^{-2},而由南棚脚向外散失的热通量为 176.0 W·m^{-2},在土壤表层处于最低温度 08:00 时垂直方向的热通量(向空气)仍小于由南棚脚向室外土壤的散失的热通量。

所以说,南棚脚界面是温室土壤的热汇,采取一定的措施诸如挖室内防寒沟等阻止土壤热量向外散失,对于提高土壤温度会有一定的作用。

七、各措施对生物特征量的影响（表5-9）

表5-9　各措施地生物特征量的差异

		株高/cm	叶片数/个	叶面积/cm²	1	2	3	4	5	第一瓜位	产量
1	t1	63.6	6.89	916.7	1.25	3.55	4.13	8.82	9.28		
	t2	46.4	3.03	228.3	0	0	0.16	0	0	7	31.6
	t3	28.9	2.87	281.1	0	0.07	0	0.31	0		
2	t1	71.5	6.96	1026.9	0.47	3.29	5.75	7.27	9.4		
	t2	46.3	3.3	395.0	0.3	0.57	0	0	0	6.83	37.1
	t3	18.3	1.03	175.9	0.28	0.03	0.38	0.41	0.95		
3	t1	75.0	7.49	1076.6	1.94	3.00	3.40	6.12	0.75		
	t2	51.7	3.48	465.6	0	0	0.60	0	0	8.17	37.4
	t3	25.3	3.70	3.70	0.16	0.40	0.77	0.16	0		
4	t1	63.7	5.44	741.7	1.22	3.04	4.82	6.69	8.83		
	t2	32.6	2.40	307.0	0.13	0	0	0.10	0	6.50	31.8
	t3	16.5	1.8	286.2	0	0	0	0.41	0		
5	t1	63.7	6.75	762.0	0.2	2.12	4.8	6.56	7.81		
	t2	36.8	3.13	272.0	0	0.24	0	0	0	6.13	49.8
	t3	22.7	2.52	112.0	0.13	0.05	0	0.60	0.13		

注：1：土面覆盖剂＋麦秸（混入鸡粪）；2：地摸；3：土面覆盖剂＋麦秸（混入尿素）；4：对照；5：土面覆盖剂＋马粪。t1、t2、t3分别为隔7 d、10 d、15 d。表中各值是该时段内净增长值。

从表中可以看出各措施地株高增长率都比对照地大，前期叶片数措施地增加很快，后期没有明显差异，前期叶面积处理地增长率较快，马粪小区产量最高，对照地产量最低。

八、问题与讨论

（一）1991年单项试验：受试验条件限制，各措施都是以地膜为对照，这对试验效果或许有一定影响。

（二）本模型模拟的准确度主要取决于模型中土壤各种热特性特征量，但是实际准确测量这些特征量在现有的试验条件下是比较困难的，所以模型中的各特征量多是根据前人研究和常用值得到的，对于不同土壤状况，不同含水量条件，使用这些常数会造成一定的误差，渴望在不久将来找到准确地直接测量土壤热特性特征量的方法。

（三）有机酿热物的增温效果，随着措施的实施时间的延长而变化，可根据作物的生育期需求状况确定铺设酿热物的时间。

（四）在经济不太发达，劳动力比较充足的地区，因地制宜地采用生物和物理的方法提高地温是一种可行的措施。

九、结论

（一）东西延长的日光温室中，温室中都可将东西方向的热传导忽略，简化为南北水平方向和垂直方向的非稳定二维温度场,在已知初始温度场和边界条件时,利用数学模型求得任何条件下的温度场,通过统计检验,在显著水平 0.05 下是可靠的。

(二)单项试验中马粪、土面覆盖剂都有明显的增温效果。且增温效果随着试验措施的持续时间、土壤层深度、天气条件及日变化而不同。马粪铺后 20 d 左右增温效果最好,可使 0.15 m 以下土层增温 3.2 ℃,60 d 仍可增温 1.0 ℃。土面覆盖剂,使用后 2～3 d 即有增温作用,前 15 d 内 0.10 m 以上土层增温 1.8 ℃左右,15～30 d 内增温 1.0～1.5 ℃,增温作用可持续到 50 d 左右。马粪增温最大层为铺设层上层土壤。土面覆盖剂表层增温最大。

(三)增温措施中,土壤各层平均增温效果最好的是土面覆盖剂＋马粪,平均增温 2.7 ℃,其次是土面覆盖剂＋麦秸(混入鸡粪),平均增温 2.5 ℃,然后依次是马粪平均增温 2.3 ℃,土面覆盖剂＋麦秸(混入尿素)平均增温 1.5 ℃,覆盖剂 1.0 ℃,地膜 0.7 ℃;麦秸平均增温 0.5 ℃。

(四)组合试验中土面覆盖剂与马粪、麦秸(混入鸡粪)组合增温效果优于单项试验增温效果,尤其是 0.05～0.20 m 土层的增温效果较各单项试验的增温效果明显,在本试验中该土壤层平均提高温度 1.5～2.3 ℃,达到 17～18 ℃,满足黄瓜生长发育对地温的要求。

(五)土壤中有机酿热物的存在,阻止酿热物以上土层向酿热物以下土层的热量传导;同时酿热物本身发热,提高酿热层以上土层的温度;并且在提高土壤温度的同时,通过土壤与空气之间的对流、传导、辐射,提高温室内的气温;温室南棚脚在任何时刻都是温室内土壤向外散热的主要界面,室内防寒沟可以有效地阻止热量的散失。

第六章　日光温室空气热环境特征及调控措施

第一节　日光温室热环境研究概况

节能型日光温室,在人口众多、能源紧缺的中国有很好的发展前景。它的出现,闯出了一条适合中国国情的设施园艺发展之路。然而,由于受历史和物质条件的限制,尽管取得了栽培应用上的一些成果,但就其广度和深度看,仍有大量的基础性研究工作需要开展。单凭经验设计和管理,已不能满足现在的生产水平,对温室结构与环境之间的关系进行系统研究已显得十分重要和迫切。

一、温室热环境与建筑结构的关系研究概况

国外学者针对双屋面全光温室或连栋温室的环境与结构等方面进行了较多的研究,特别是环境与结构关系方面的问题已基本得到解决。在早期的研究,主要以试验和静态的方法为主,这种方法在对温室总能量需求的估算、研究各种类型保温幕,性能的比较与测试等特殊问题上,简单实用。20 世纪 60 年代,稳态热平衡方法被广泛应用于温室环境。Businger(1963)第一次用稳态方法,完成从其他环境要素预测温室气温的工作,在研究过程中引入了许多重要概念,推动了后来非稳态模型的发展。日本学者高仓直首先开展了该项研究工作,模型包括温室内表面的凝结和二维土壤热传导分析。此外,还有一些学者开展类似的研究,并有所改进。

节能型日光温室环境与结构的研究,因其特殊的历史背景,仅限国内一些学者。

(一)一些学者(陈端生 等,1990;陈端生,2005;亢树华 等,1987;聂和民,1990;王树忠 等,1990;杨晓光 等,1994)主要对日光温室增温保温性能与结构的关系进行了试验研究和总结。

1. 将测温传感器砌入不同结构的墙体中,根据观测结果提出墙体的合理模式应具有一定厚度的异质复合体,其内侧由吸热蓄热能力较强的材料组成蓄热层,外侧由导热放热能力较差的材料组成保温层,中间是轻质多孔导热能力较差的隔热层。除此之外,还研究了不同材料的隔热效果,如:珍珠岩>煤渣>木屑>中空。

2. 对夜间温室的采光屋面外覆盖材料保温性进行了研究,分别得出了草苫、蒲席、双层草苫、棉被、纸被等材料的保温效果,邱建军(1995)研究了测定表征外覆盖材料保温性能的测定方法,并选出了较好的保温覆盖材料,如复合保温被、双层 PE 物理发泡膜等均是质地轻、寿命长、价格合理的,有望取代草苫、蒲席的保温材料。

3. 亢树华等(1987)对日光温室墙体的保温性能进行了试验研究,认为墙体的厚度对温室保温绝热起到很大作用,但墙体厚度增加到一定程度时,温室增温效果并不显著。亢树华还对两种跨度、两种采光屋面形状的温室进行了对比试验研究。

4. 陈端生等(1990)根据目前的实际情况指出,应有一种尽可能消除时间、地点因素的指

标,分析不同类型温室的热状况,并试图提出热惰性和保温系数等指标;通过试验的方法得出,东北、华北地区日光温室墙体热阻在 1.1~1.6 合适,贮热比(前屋面在地面投影与温室跨度之比)在 0.7~0.8。

5. 陈端生、郑海山等(1990)指出,既然夜间墙体是放热体,那么是否可以将保温比定义为室内土壤面积与透光面面积之比,即认为后者是夜间唯一的热汇。

(二)最近几年,利用模型方法分析温室的热环境与结构的关系也受到重视。

一些学者针对地下热交换温室建立了数学模型,重点对地下热交换系统进行了模拟计算;也建立了数学模型,着重研究温室的北坡和北墙对室内环境的影响;同时通过建立二维非稳态模型,重点对土壤热环境进行研究;还对日光温室的湿平衡进行了研究。

(三)有关日光温室的光环境研究

日光温室的热源主要来自太阳辐射,因此,光环境的研究是热环境分析的基础。我国对日光温室光环境研究大体上始于 20 世纪 90 年代,诸多学者在日光温室光环境数值试验以及日光温室采光屋面优化设计方面做了不少工作。

二、研究中存在的不足及本研究目的

众所周知,日光温室主要是在经验的基础上发展而来,尽管在设施园艺的发展进程中发挥了重要作用,也在许多方面进行了不同程度的研究,但从温室的设计和环境评价的意义上来说,尚缺乏坚实的理论基础和科学依据。

(一)前人对温室的环境与结构关系的某些结论多是从试验中出发,但是试验难以做到同一时间、同一地点进行仅一个建筑结构因素(如脊高、跨度)不同的各类型温室间的比较,也难以做到同一时间、不同区域相同结构温室环境间的比较。不同地区温室的设计在某种程度上依然以经验和模仿异地的形状为主,缺乏理论的指导。

(二)虽然建立了不同种类的数学模型,但存在的问题阻碍了实际中的推广和应用。在这些模型中,郭慧卿的 TEMP(温度环境模拟程序)是具代表性也较完善的一种。但下列假设会对模型的结果造成较大的误差:

1. 在计算太阳辐射与分配方面:

(1)散射辐射按总辐射的一定比例给出;

(2)温室系统各部分所得太阳辐射按假定的比例计算,计算到达前屋面的总量后,40%~60%被框架所吸收,其余总辐射的 40%~60%分配给后墙、屋面和地面,这其中的 20%~30%给了空气和植物,其余的则按面积分配给各内表面;

(3)前屋面结构的阴影未考虑。

2. 在模型的热平衡方程中,把前屋面简化为一折直线处理。

(三)前人在日光温室的评价分析方面所采用的指标多是单一零散的,虽然有时也参考多个指标,但指标间往往存在着不可共度性和矛盾性,因此,做出的判断和评价不够全面。

(四)克服单纯试验中时间与区域的限制,结合试验,建立日光温室热环境模型,为使模型结果接近于实际情况,从下列细节入手。

1. 太阳辐射的计算与分配。

(1)散射光的计算采用翁笃鸣(1981)研究的斜面上散射光的计算公式,并加以校正。

(2)根据孙忠富(1996)和陈青云(1994)的研究结果,到达温室各部位的直射光,通过不同斜面的倾角和方位角不同,即与太阳的相对位置关系不同,分别计算。

(3)到达日光温室各部位的太阳辐射,一部分被吸收,一部分反射,通过辐射角系数,进行二次分配。

(4)考虑屋面结构框架的遮阴。

2. 在数学模型中,前屋面分为二折,利用最小二乘法原理,使两折平面最接近于弧面。

(五)对收集到的小气候观测资料进行统计分析,在前人基础上,寻找出与作物生长发育密切有关、对结构变化反应比较灵敏的几个指标组成热环境分析指标集,再进行加工,得出一个能比较客观反映日光温室环境与结构的综合指标。

(六)利用求得的指标对模拟的不同结构温室热环境进行评价。

三、研究思路与方法

(一)利用实测数据分析日光温室的热环境状况。

(1)收集前人研究日光温室的小气候观测数据及相应的温室结构资料。

(2)对资料进行统计分析,结合专家建议,运用模糊综合评判方法找出比较客观稳定的、对结构变化较灵敏的热环境分析指标。

(3)对求得的指标进行实际应用。

(二)利用模型分析温室的结构与环境之间的关系。

(1)根据热平衡理论,建立动态的日光温室热环境模型。

(2)对模型进行试验验证。

(3)对不同纬度、不同结构类型的温室进行模拟,并根据分析指标评价温室的热环境,选出相应外界气候条件下温室的优化建筑参数。

第二节　热环境数学模型

一、日光温室热环境模型

(一)日光温室热环境模型建立的前提

1. 目前北方较实用的日光温室,基本形状如图 6-1 所示。

2. 温室长度远大于宽度,故忽略两端山墙对气候环境的影响。

3. 忽略植物层的生理活动对温室气候的影响;忽略土壤表面的蒸发与凝结。

4. 考虑求解方程方便,在建立热平衡方程组时,把前屋面曲面分为两段(见图 6-1),利用最小二乘法,选取一点 O,使 BO 与 OA 最接近于曲面。

(二)日光温室热环境模型建立原理

如图 6-1 所示,温室系统各部分互相之间具有热

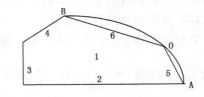

图 6-1　日光温室模型简图

1. 室内空气,2. 地面,3. 后墙,4. 后屋面,
5、6 前屋面(夜晚加保温覆盖层)

量传递,其温度随能量的转移而变化,处于动态平衡中。根据热力学、传热学的基本原理,运用气象学、几何光学、土壤学等基本知识,建立热平衡方程组。

1. 室内空气的热平衡

$$\rho_a c_a v(dt1/d\tau)/3.6 = \alpha_{c2} f2(t2-t1) + \alpha_{c3} f3(t3-t1) + \alpha_{c4} f4(t4-t1) + \alpha_{c5} f5(t5-t1)$$
$$+ \alpha_{c6} f6(t6-t1) + q_c \tag{6-1}$$

式中，ti 为第 i 项的温度（℃），$i=1,2,3,4,5,6$；1：室内空气，2：地面，3：后墙，4：后屋面，5：五透光覆盖面，6：透光覆盖面；fi 为第 i 项的面积（m^2）；α_{ci} 为室内空气与第 i 项内表面间的对流换热系数（$W \cdot m^{-2} \cdot ℃^{-1}$）；$q_c$ 为冷风渗透量（kJ），$q_c = {}_n\rho_a V c_a(to-ti)/3.6$；$n$ 为换气次数（次·h^{-1}）；to，ti 为计算时刻的室外、室内空气温度（℃）；ρ_a 为空气比重（$kg \cdot m^{-3}$）；C_a 为空气比热（$kJ \cdot kg^{-1} \cdot ℃^{-1}$）；$V$ 为温室容积（m^3）。

2. 前屋面的热平衡

白昼，阳光通过透光覆盖面进入室内，透光面吸收部分直射光、散射光及反射光，同时与地面、后墙、后屋面进行辐射换热，与室内外空气进行对流换热，还以辐射形式与天空进行热交换，夜间增加保温覆盖层以减少向外的热损失，因此前屋面的热平衡方程为：

$$K5 f5(t_0-t5) + \alpha_{c5} f5(t1-t5) + \alpha_{R25} f2(t2-t5) + \alpha_{R35} f3(t3-t5)$$
$$+ \alpha_{R45} f4(t4-t5) + q5 = 0 \tag{6-2}$$

$$K6 f6(t_0-t6) + \alpha_{c6} f6(t1-t6) + \alpha_{R26} f2(t2-t6) + \alpha_{R36} f3(t3-t6)$$
$$+ \alpha_{R46} f4(t4-t6) + q6 = 0 \tag{6-3}$$

式中，α_{Ri5} 为温室中第 i 项与透光覆盖面 5 间辐射换热系数（$W \cdot m^{-2} \cdot ℃^{-1}$），$i=1,2,3,4$；$\alpha_{Ri6}$ 为温室中第 i 项与透光覆盖面 6 间辐射换热系数（$W \cdot m^{-2} \cdot ℃^{-1}$）；$K5$，$K6$ 为透光覆盖面的传热系数（$W \cdot m^{-2} \cdot ℃^{-1}$）；$q5$，$q6$ 为透光面吸收的热量（W）。

3. 后墙、后屋面的热平衡

后墙、后屋面具有一定的蓄热作用，对于外温的波动，有一定的延缓和衰减作用，而且，室温也随外温而变化，因此，计算墙体和屋面的传热采用反应系数法。

后墙：

$$f3\left[\sum_{J=0}^{N_S} Y3(j)tz3(n-j) - \sum_{J=0}^{N_S} Z3(j)t3(n-j)\right] + \alpha_{R32} f2(t2-t3) + \alpha_{R35} f5(t5-t3) +$$
$$\alpha_{R36}(t6-t3) + \alpha_{R34} f4(t4-t3) + \alpha_{c3} f3(t1-t3) + q_3(n-1)C_3 f3 + q3 = 0 \tag{6-4}$$

式中，α_{R3i} 为第 i 项表面与墙体的辐射换热系数（$W \cdot m^{-2} \cdot ℃^{-1}$）；$q3$ 为任一时刻，单位面积由室外向室内的传热量（$W \cdot m^{-2} \cdot ℃^{-1}$）；$q3(n-1)$ 为上时刻传入的热量（kJ）；$tz3(n-j)$ 为某时刻墙体外表面的综合温度（℃）；C_3 为反应系数公比；Ns 为反应系数项数；$Y3$ 为墙体传热反应系数；$Z3$ 为墙体吸热反应系数。

类似于墙体，后屋面的热平衡方程：

$$f4\left[\sum_{J=0}^{N_S} Y4(j)tz4(n-j) - \sum_{J=0}^{N_S} Z4(j)t4(n-j)\right] + \alpha_{R42} f2(t2-t4) + \alpha_{R45} f5(t5-t4) +$$
$$\alpha_{R46}(t6-t3) + \alpha_{c4} f4(t1-t3) + \alpha_{R34} f3(t4-t3) + q_4(n-1)C_4 f4 + q4 = 0 \tag{6-5}$$

4. 地面的热平衡

根据试验结果，土壤温度在 1 m 深处仍有变化，考虑到地下 2 m 处温度为常数，地面平衡方程式：

$$f2\left[\sum_{J=0}^{N_S} z2(j)\left[ts - t2(n-j) + q2(n-1)C_2\right]\right] + \alpha_{R26} f6(t6-t2) + \alpha_{R25} f5(t5-t2) +$$

$$\alpha_{R32}(t3-t2)+\alpha_{R42}f4(t4-t2)+\alpha_{c2}f2(t1-t2)+qs+q2=0 \qquad (6\text{-}6)$$

式中，$z2$ 为吸热反应系数；$q2(n-1)$ 为上时刻传人的热量（kJ）；$t2(n-j)$ 为某时刻地表面的温度（℃）；C_2 为反应系数公比；ts 为一定土壤深度的温度（℃）（取 2 m 处）；qs 为土壤热通量（kJ），可根据地下土壤温度场来推算，$qs=\iint \lambda_s \dfrac{\Delta t}{\Delta y}|y=0 df2$，其中 $\dfrac{\Delta t}{\Delta y}|y=0$，为室内地面（$y=0$）沿竖直方向垂直的温度梯度（℃·m^{-1}）。

至此，已建立了日光温室各部分的热平衡方程，将这些联立，便形成热环境模型。

二、模型的求解

本模型由多个方程式组成，方程中一些未知系数的本身又是其他未知量的函数，这使得求解十分困难。先后采用了简单迭代法、超松弛迭代牛顿法、高斯—赛得尔等方法，最后确定了收敛较迅速、运算结果理想的高斯列主元消去法。

该程序是使用 Visual Basic 语言，在 Windows 3.2 环境下编制而成。在程序的调试过程中，不断发现模型的不足并得以更正，程序的结果在理论上得到了很好的解释，两者相互促进的。图 6-2 是模拟程序框图。

三、模型的试验验证

为了检验模型的可靠性，以备应用其模拟结果寻求设计日光温室的建筑参数，对实测数据进行对比分析，确定其误差范围。

模拟所用参数见表 6-1，所用材料热工参数见表 6-2。

表 6-1　调试模型所用参数

温室种类		曲周温室	锦州 2 号温室	锦州 3 号温室
地理纬度	纬度/°N	36.8	41.2	41.2
	经度/°E	115.0	121.0	121.0
大气透明度		0.70	0.80	0.80
揭帘时间/h		08:00—18:00	08:00—17:00	08:00—17:00
草帘厚度/cm		2.0	5.0	5.0
通风换气量 /次·h^{-1}	白天	0.50	0.50	0.35
	夜间	0.15	0.15	0.15
温室的结构 几何尺寸	横向骨架厚：0.026 m 纵向骨架厚：0.026 m 横向骨架间距：1.50 m 纵向骨架间距：3.00 m 横向骨架宽：0.026 m 纵向骨架宽：0.026 m	跨度：5.95 m 脊高：2.90 m 墙高：1.75 m 后屋面投影：1.15 m 前屋面坡度：66° 后屋面仰角：49° 竹木结构	跨度：6.00 m 脊高：3.00 m 墙高：2.00 m 后屋面投影：1.00 m 前屋面坡度：60° 后屋面仰角：45° 钢架结构	跨度：6.00 m 脊高：3.00 m 墙高：2.40 m 后屋面投影：0.75 m 前屋面坡度：60° 后屋面仰角：34° 钢架结构
土壤 2 m 深处的温度/℃		12	9	9

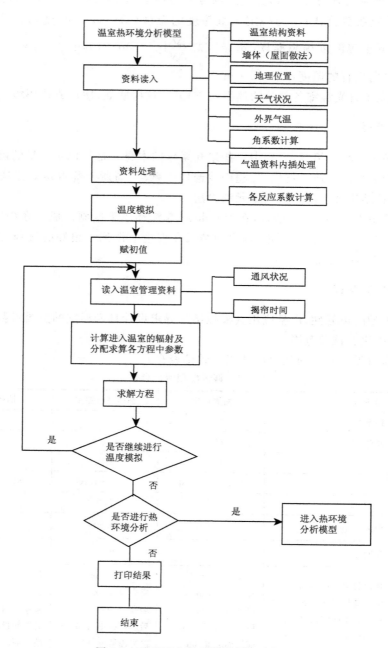

图 6-2　日光温室热环境模拟程序框图

表 6-2　模型中所用材料的热工参数

材料	导热系数 /kcal·m⁻¹·h⁻¹·℃⁻¹	比热 /kcal·kg⁻¹·℃⁻¹	容重 /kg·m⁻³
草泥	0.30	0.25	1000
碎草	0.08	0.25	300
玉米秸	0.12	0.35	400
红砖	0.75	0.43	1668
黏土—砂	0.60	0.20	1800
黏土	1.41	1.84	1850
水泥砂	0.80	0.20	1800
煤渣	0.25	0.18	1000
草垫	0.09	35	300
木板	0.13	0.35	600
珍珠岩	0.058	0.92	200
石灰砂浆	0.75	0.20	1600
室外空气	—	1.365	1.005
室内空气	—	1.2045	1.005

（一）利用模型模拟曲周温室 1997 年 1 月 28 日 08 时—29 日 06 时的室内气温（图 6-3）。

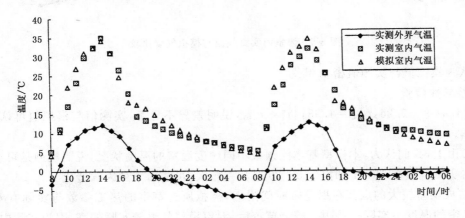

图 6-3　温室内实测气温与模拟气温比较

（二）利用模型模拟锦州 2 号温室（图 6-4）与 3 号温室室内气温（图 6-5）。

从图 6-3、图 6-4 及图 6-5 可以看出，随着纬度、日期的变化，温度的模拟值与实测值随时间的变化趋势基本一致。

气温的平均绝对误差为 1.6 ℃，相对误差为 9.8％。值得指出的是，最高气温和最低气温误差很小，最高气温的绝对误差 0.84 ℃，最低气温的绝对误差为 0.92 ℃。

1. 相关系数检验

检验样本 $N=48$，模拟值与实测值的相关系数 $R=0.98$，$t=31.54$，$t_{0.05}(46)=2.02$，$|t|\gg$

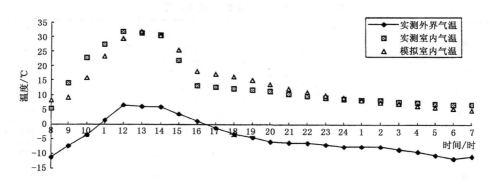

图 6-4　温室内实测气温与模拟气温比较

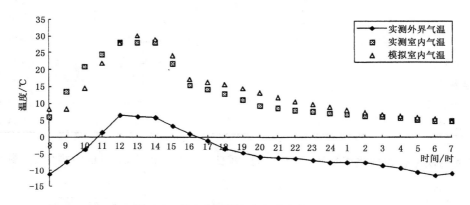

图 6-5　温室内实测气温与模拟气温比较

$t_{0.05}$,可认为模拟值与实测值密切相关。

2. 差异性检验

$N=48,t=-0.25,t_{0.05}=1.98,|t|\ll t_{0.05}$,说明差异不显著,实测值与模拟值可认为来自同一总体。

(三)由上,我们认为,本模型基本能预报不同纬度温室的温度状况,说明模型是可靠的,模拟气温与实测气温在 10—11 时与 18—20 时相差较大,可能由下列因素造成。

1. 造成误差较大的点都在揭盖帘时间附近,模拟所选草帘的热工参数与实际有差距;模拟所选草帘的厚度与实际有差距。盖上草帘后,温室模拟气温较实际偏高,因为实际中草帘并不是均匀致密的,不同草帘间的衔接处会有缝隙。

2. PVC膜透过率的计算与实际有误差。

3. 模型未考虑生物生理活动的影响与土壤及各表面水分的相变。

4. 曲周 30 日凌晨预报值与模拟值误差较大,因为 30 日 01 时左右天气突然转阴,而模型中综合温度的计算是按晴天处理的。

本模型的意义在于能够预报不同时间、地点、不同结构类型温室的热环境状况,为分析温室的热环境、优化温室的建筑结构提供手段和理论依据。

第三节　主要调控措施

试验研究发现,影响日光温室内热环境变化的主要因素有日光温室脊高与跨度、后屋面投影长度、不同厚度的墙体等,原因分析如下。

一、脊高与跨度变化对温室热环境的影响

模拟跨度为 6 m,墙高 1.75 m,后屋面投影 1.15 m 和跨度为 8 m,墙高 2.4 m,后屋面投影为 1.6 m 情况下不同脊高的温室热环境。

(一)曲周与北京、北京与锦州地区模拟分析

模拟结果见表 6-3～6-8 及图 6-6、6-7。

表 6-3　曲周地区温室脊高变化对热环境的影响(1997 年 1 月 28 日,跨度 6 m)

脊高/m	2.2	2.4	2.6	2.8	3	3.2	3.5	3.8	4
平均气温/℃	15.60	15.83	15.91	15.88	15.76	15.65	15.40	15.09	14.88
最低气温/℃	5.72	5.59	5.41	5.20	4.94	4.65	4.19	3.72	3.40
最高气温/℃	32.87	33.60	34.07	34.36	34.51	34.60	34.63	34.54	34.46
≥20 有效积温/℃·d	52.20	57.31	61.03	62.83	63.82	64.42	64.77	64.70	64.45
≥10 有效积温/℃·d	36.00	35.95	35.38	34.36	33.17	31.66	28.98	26.32	24.49
增温率	4.755	4.882	4.965	5.002	5.053	5.077	5.095	5.092	5.088
保温率	1.150	1.136	1.121	1.112	1.101	1.093	1.088	1.087	1.088
≥20 持续时间/h	7	7	7	7	7	7	7	7	7
综合指标 I	0.436	0.607	0.702	0.730	0.712	0.671	0.577	0.457	0.369
优劣顺序	8	5	3	1	2	4	6	7	9

表 6-4　曲周地区温室脊高变化对热环境的影响(1997 年 1 月 28 日,跨度 8 m)

脊高/m	2.6	3.0	3.5	4.0	4.5	5.0	6.0
平均气温/℃	14.90	15.25	15.49	15.37	15.10	14.75	13.90
最低气温/℃	5.60	5.51	5.23	4.79	4.26	3.68	2.50
最高气温/℃	30.77	31.90	32.99	33.37	33.46	33.38	33.08
≥20 ℃有效积温/℃·d	40.20	16.17	54.10	56.47	57.19	57.13	56.00
≥10 ℃有效积温/℃·d	34.38	35.18	34.53	32.70	29.88	26.70	19.90
增温率	4.427	4.62	4.812	4.888	4.917	4.918	4.900
保温率	1.170	1.141	1.114	1.093	1.082	1.076	1.080
≥20 ℃持续时间/h	6	7	7	7	7	7	7
综合指标 I	0.480	0.707	0.847	0.830	0.755	0.625	0.430
优劣顺序	6	4	1	2	3	5	7

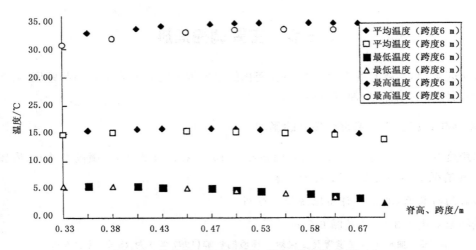

图 6-6　日光温室温度指标与脊高、跨度关系(北京)

表 6-5　北京地区温室脊高变化对热环境的影响(1997 年 1 月 28 日,跨度 6 m)

脊高/m	2.2	2.4	2.6	2.8	3.0	3.2	3.5	3.8	4.0
平均气温/℃	14.97	15.23	15.34	15.34	15.27	15.15	14.92	14.63	14.42
最低气温/℃	5.93	5.83	5.68	5.48	5.24	4.98	4.54	4.09	3.77
最高气温/℃	29.87	30.80	31.25	31.60	31.79	31.90	31.92	31.88	31.88
≥20 ℃有效积温/℃·d	34.74	40.03	43.51	45.48	46.60	47.17	47.53	47.67	47.62
≥10 ℃有效积温/℃·d	39.49	39.70	39.31	38.42	37.17	35.70	32.98	29.95	27.76
增温率	4.254	4.405	4.487	4.552	4.592	4.620	4.635	4.642	4.642
保温率	1.197	1.176	1.159	1.145	1.133	1.127	1.120	1.120	1.122
≥20 ℃持续时间/h	7	8	8	8	8	8	7	7	7
综合指标 I	0.473	0.724	0.797	0.817	0.795	0.753	0.579	0.462	0.377
优劣顺序	8	5	2	1	3	4	6	7	9

表 6-6　北京地区温室脊高变化对热环境的影响(1997 年 1 月 28 日,跨度 8 m)

脊高/m	2.6	3.0	3.5	4.0	4.5	5.0	6.0
平均气温/℃	13.97	14.46	14.78	14.72	14.48	14.16	13.35
最低气温/℃	5.59	5.55	5.33	4.93	4.43	3.89	2.76
最高气温/℃	27.31	28.73	29.97	30.43	30.53	30.51	30.26
≥20 ℃有效积温/℃·d	21.09	28.74	36.26	38.59	39.27	39.45	38.46
≥10 ℃有效积温/℃·d	36.35	37.67	37.59	36.06	33.31	29.91	22.67
增温率	3.845	4.088	4.307	4.397	4.428	4.44	4.425
保温率	1.204	1.169	1.136	1.111	1.099	1.096	1.11
≥20 ℃持续时间/h	6	7	7	7	6	6	6
综合指标 I	0.444	0.709	0.852	0.838	0.692	0.594	0.359
优劣顺序	6	3	1	2	4	5	7

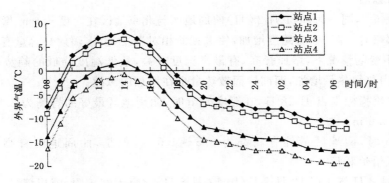

图 6-7 各站点外界气温

表 6-7 锦州地区温室脊高变化对热环境的影响(1995 年 1 月 28 日,跨度 6 m)

脊高/m	2.2	2.4	2.6	2.8	3.0	3.2	3.5	3.8	4.0
平均气温/℃	14.30	14.49	14.54	14.51	14.42	14.28	14.00	13.69	13.46
最低气温/℃	3.70	3.57	3.37	3.14	2.86	2.53	2.01	1.51	1.17
最高气温/℃	34.10	34.97	35.50	35.86	36.06	36.22	36.38	36.48	36.50
≥20 ℃有效积温/℃・d	50.30	54.33	54.64	58.24	59.23	59.99	60.55	60.85	60.88
≥10 ℃有效积温/℃・d	24.30	24.55	24.34	23.67	22.72	21.65	19.58	17.62	15.89
增温率	5.280	5.480	5.608	5.704	5.770	5.828	5.902	5.962	5.992
保温率	1.170	1.148	1.131	1.119	1.109	1.099	1.091	1.093	1.097
≥20 ℃持续时间/h	7	7	7	7	7	7	7	7	7
综合指标 I	0.580	0.710	0.761	0.775	0.750	0.708	0.620	0.526	0.459
优劣顺序	7	4	2	1	3	5	6	8	9

表 6-8 北京地区温室脊高变化对热环境的影响(1995 年 12 月 7 日,跨度 6 m)

脊高/m	2.2	2.4	2.6	2.8	3.0	3.2	3.5	3.8	4.0
平均气温/℃	15.45	15.66	15.73	15.75	15.65	15.256	15.35	15.09	14.90
最低气温/℃	6.07	5.98	5.84	5.65	5.43	5.18	4.79	4.36	4.07
最高气温/℃	32.80	33.73	34.23	34.57	14.75	34.89	35.03	35.11	35.12
≥20 ℃有效积温/℃・d	47.73	51.82	54.03	55.87	56.99	57.81	58.45	58.87	58.97
≥10 ℃有效积温/℃・d	35.52	35.91	35.76	35.02	33.86	32.46	29.99	27.15	25.30
增温率	5.730	5.920	6.026	6.100	6.144	6.180	6.220	6.248	6.258
保温率	1.273	1.251	1.233	1.220	1.209	1.202	1.198	1.200	1.204
≥20 ℃持续时间/h	5	5	6	7	7	7	6	6	6
综合指标 I	0.491	0.645	0.735	0.785	0.759	0.717	0.598	0.494	0.419
优劣顺序	8	5	3	1	2	4	6	7	9

从表及图可以看出：

1. 如图 6-6、6-7，同一时间（1 月 28 日）曲周地区与北京地区在跨度从 6 m 增加到 8 m 时，总体温度指标都略有下降，因为跨度增加，使采光面相对扁平，直接辐射日总量有所减少。

2. 当跨度不变的情况下，增加脊高，有最高温度升高，最低温度降低的趋势，是因为随脊高增加，进入室内总得热量增加，而前屋面散热量也在增加的缘故。

根据综合评价指标 I，1 月 28 日，在跨度 6 m 时，曲周地区最好的脊高为 2.8～3.0 m，北京地区为 2.8～2.6 m。

在跨度 8 m 时，两地区最佳脊高都为 3.5～4.0 m，但是，曲周地区脊高 4.5 m 优于 3.0 m，北京地区恰恰相反。

从锦州 12 月 8 日与北京 12 月 7 日（因 12 月 8 日，北京天气较阴）模拟情况可以看出类似规律（表 6-7、表 6-8）。

同一时间，北京外界平均温度（0.68 ℃）高于锦州（－4.45 ℃），北京地区最佳脊高为 2.8～3.0 m，锦州地区为 2.8～2.6 m，北京温室 3.8 m 优于 2.2 m，而锦州相反。

同一时间，1 月 28 日，纬度从 36.8°N（曲周地区）到 39.8°N（北京地区），12 月 7—8 日，纬度从 39.8°N（北京地区）到 41.2°N（锦州地区），外界平均气温和极端气温均降低，日光温室的最佳脊高也随之有降低的趋势。

3. 同一地点（地理纬度）不同时间，北京地区 1 月 28 日最佳脊高为 2.6～2.8 m，12 月 7 日最佳脊高为 2.8～3.0 m，12 月 7 日北京外界平均气温 0.68 ℃，高于 1 月 28 日外界平均气温（－1.23 ℃）。这说明，同一地点，太阳高度角与外界气温不同，最佳脊高也略有变化。

总之，外界气温越低，保温性能越重要，最佳脊高应相应降低。

（二）同一时间不同极端外界气温下的最佳脊高变化

同一时间不同纬度，外界最低气温不同，所要求的日光温室脊高应有变化。这里，根据《中国农业百科全书》（农业气象卷）所提供资料，分别选取 4 个站点（具体地理位置及 1 月份平均温度见表 6-9），进行不同脊高的模拟。

模拟所用各站点外界气温序列 $t_i (i=1,2,3,\cdots,24)$ 用下面方法得到。

以曲周 1 月 28 日外界实测气温序列 t_{0i} 为基础，分别减去 T，

$$T = T_0 - T_{i0}$$

式中，T_0 为曲周 1 月 28 日外界平均气温；T_{i0} 为模拟站点 1 月平均气温。

表 6-9 各站点状况一览

站点号	极端最低气温/℃	纬度（N）	经度（E）	海拔/m
1	－10.63	37°4′	114°30′	78
2	－12.13	39°48′	116°28′	32
3	－16.93	40°58′	117°50′	374
4	－19.53	41°49′	123°33′	—

模拟日期选用 1 月 1 日，所模拟各站点的外界气温见图 6-7。模拟结果见表 6-10。

表 6-10 不同跨度、脊高变化对热环境指标的影响

站点	脊高/m	跨度 6 m							跨度 8 m							
		2.2	2.4	2.6	2.8	3	3.2	3.5	2.6	3	3.2	3.5	3.8	4	4.5	0.5
1	综合指标	0.475	0.665	0.701	0.780	0.718	0.623	0.379	0.474	0.716	0.805	0.847	0.826	0.791	0.566	0.381
	优劣顺序	6	4	3	1	2	5	7	7	5	3	1	2	4	6	8
2	综合指标	0.506	0.669	0.713	0.714	0.635	0.547	0.384	0.423	0.701	0.697	0.759	0.717	0.685	0.548	0.382
	优劣顺序	6	3	2	1	4	5	7	7	3	4	1	2	5	6	8
3	综合指标	0.505	0.692	0.697	0.690	0.625	0.546	0.387	0.421	0.711	0.783	0.813	0.782	0.745	0.609	0.432
	优劣顺序	6	2	1	3	4	5	7	8	5	2	1	3	4	6	7
4	综合指标	0.485	0.652	0.686	0.650	0.620	0.537	0.377	0.405	0.645	0.718	0.747	0.718	0.682	0.546	0.382
	优劣顺序	6	2	1	3	4	5	7	6	4	2	1	2	3	5	8

根据上表,外界极端最低气温与日光温室最佳脊高关系可用图 6-8 表示。

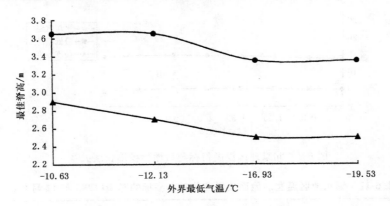

图 6-8 极端最低气温与最佳脊高关系图

从图 6-8 可知,可知跨度 6 m 时,外界最低气温为－10.63 ℃、－12.13 ℃、－16.93 ℃、－19.53 ℃时,最佳脊高分别为 2.8～3.0 m、2.8～2.6 m、2.6～2.4 m、2.6～2.4 m,而跨度为 8 m 时,最佳脊高分别为 3.5～4.0 m、3.5～4.0 m、3.2～3.5 m、3.2～3.5 m。因此,可得出:

1. 随跨度增加,最佳脊高也相应增加;

2. 随外界极端最低气温降低,跨度 8 m 和跨度 6 m 的日光温室最佳脊高均呈现降低趋势,但是,跨度 8 m 的温室最佳脊高变化较跨度 6 m 的缓慢些。

二、后屋面投影长度对热环境的影响

以曲周、北京、锦州为例,模拟墙高 1.8 m,脊高 2.9 m,跨度 6 m,但后屋面投影长度不同对温室热环境的影响。

(一)曲周、北京、锦州三地区的比较分析

北京地区(1995 年 12 月 7 日)与锦州地区(1995 年 12 月 8 日)模拟结果见表 6-11、表 6-12 及图 6-9、图 6-10。

表 6-11　北京地区温室后屋面投影变化对各指标的影响(12 月 7 日)

投影长度/m	0.50	0.80	1.15	1.50	1.80	2.10	2.50	3.00
平均气温/℃	13.97	14.37	14.74	14.99	15.11	15.14	15.01	14.60
最低气温/℃	4.96	5.15	5.28	5.32	5.26	5.14	4.87	4.37
最高气温/℃	31.05	31.79	32.48	33.05	33.03	33.44	33.28	32.68
≥20 ℃有效积温/℃·d	38.97	42.44	45.71	48.14	49.61	70.82	70.82	68.75
≥10 ℃有效积温/℃·d	22.43	25.52	28.47	30.60	31.73	32.15	31.52	29.04
增温率	5.394	5.544	5.686	5.806	5.862	5.896	5.872	5.766
保温率	1.365	1.327	1.290	1.259	1.235	1.217	1.204	1.200
≥20 ℃持续时间/h	5	5	5	5	5	5	5	5
综合指标 I	0.271	0.455	0.629	0.744	0.795	0.862	0.785	0.556
优劣顺序	8	7	5	4	2	1	3	6

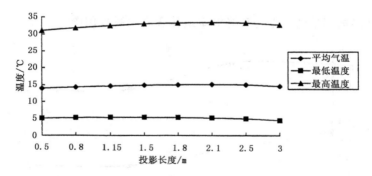

图 6-9　北京地区温度指标与后屋面投影长度关系

表 6-12　锦州地区温室后屋面投影变化对各指标的影响(1995 年 12 月 8 日)

投影长度/m	0.50	0.80	1.15	1.50	1.80	2.10	2.50	3.00
平均气温/℃	13.49	14.00	14.47	14.81	14.99	15.07	14.97	14.56
最低气温/℃	2.45	2.81	3.00	3.11	3.10	3.01	2.74	2.20
最高气温/℃	34.36	35.19	35.96	36.58	36.89	37.06	36.98	36.31
≥20 ℃有效积温/℃·d	51.06	55.20	58.8	61.64	63.42	64.66	65.12	63.23
≥10 ℃有效积温/℃·d	17.20	20.25	23.18	25.74	27.22	27.94	27.62	25.93
增温率	5.426	5.586	5.738	5.862	5.928	5.966	5.958	5.840
保温率	1.640	1.145	1.113	1.089	1.071	1.059	1.048	1.045

续表

投影长度/m	0.50	0.80	1.15	1.50	1.80	2.10	2.50	3.00
≥20℃持续时间/h	5	5	5	5	5	6	7	7
综合指标 I	0.141	0.387	0.585	0.735	0.803	0.860	0.828	0.597
优劣顺序	8	7	6	4	3	1	2	5

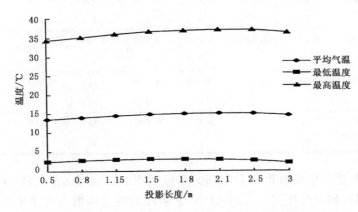

图 6-10 锦州地区温室温度指标与后屋面投影长度的关系

从表 6-11、表 6-12 可以看出：

1. 同一地点，随投影长度增加，平均气温、最高气温、最低气温先升高，然后降低。如果投影太小，前屋面散热量大，虽然进光量增加，但抵不过散失的热量，若投影太大，散射辐射明显减少，即使保温性能好，高温也上不去。

2. 同一时间，北京地区(12 月 7 日)，屋面最佳投影为 2.1～1.8 m，与陈端生试验分析接近，锦州地区(12 月 8 日)，屋面最佳投影为 2.1～2.5 m。因为锦州地区外界气温低，长屋面投影有利于保温。

随外界气温升高，屋面投影长度可略微缩短。曲周地区(1 月 28 日)的模拟结果(表 6-13)证实了这一点，最佳屋面投影长度在 1.8～1.5 m。

表 6-13　曲周地区温室后屋面投影变化对热环境的影响(1997 年 1 月 28 日)

投影长度/m	0.50	0.80	1.15	1.50	1.80	2.10	2.50	3.00
平均气温/℃	15.17	15.54	15.84	16.01	16.01	15.90	15.62	15.06
最低气温/℃	4.65	4.89	5.07	5.14	5.10	4.99	4.72	4.19
最高气温/℃	33.45	34.01	34.45	34.65	34.71	34.42	33.92	33.05
≥20℃有效积温/℃·d	54.67	58.42	61.41	62.96	62.47	60.33	56.67	51.29
≥10℃有效积温/℃·d	27.41	30.67	33.13	35.71	37.20	38.00	37.85	35.68
增温率	4.870	4.963	5.04	5.077	5.092	5.048	4.972	4.837
保温率	1.156	1.132	1.106	1.084	1.068	1.053	1.038	1.028
≥20℃持续时间/h	8	8	8	8	8	8	8	7
综合指标 I	0.345	0.599	0.805	0.902	0.909	0.804	0.584	0.11
优劣顺序	7	5	3	2	1	4	6	8

（二）不同极端外界气温下最佳后屋面投影的变化

通过表 6-9 所选取的四个站点，不同后屋面投影变化的模拟结果如表 6-14 所示。

表 6-14　不同后屋面投影变化的模拟结果

站点	投影（m）	0.50	0.80	1.15	1.50	1.80	2.10	2.30	2.50	3.00
1	综合指标	0.164	0.457	0.721	0.863	0.910	0.886	0.771	0.677	0.335
	优劣顺序	9	7	5	3	1	2	4	6	8
2	综合指标	0.148	0.393	0.607	0.755	0.818	0.902	0.875	0.805	0.547
	优劣顺序	9	8	6	5	3	1	2	4	7
3	综合指标	0.121	0.362	0.576	0.725	0.798	0.818	0.800	0.750	0.517
	优劣顺序	9	8	6	5	3	1	2	4	7
4	综合指标	0.165	0.396	0.669	0.802	0.860	0.866	0.840	0.738	0.529
	优劣顺序	9	8	6	4	2	1	3	5	7

最佳屋面投影长度与极端最低气温之间关系可用图 6-11 来表示。结果显示，纬度越高，屋面投影应越长才好，但是纬度到了大约 42°N，散射辐射在总辐射占着主要地位，屋面过长，总辐射会迅速降低，所以第 4 个站点的最佳投影长度在 2.1～1.8 m。

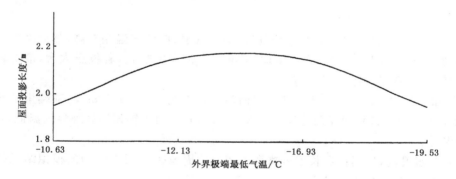

图 6-11　最佳屋面投影长度与极端最低气温关系

三、不同厚度墙体对室内气温的影响

利用模型分别对曲周和北京地区六种不同厚度的夯实土墙（热阻见表 6-15）进行了模拟，结果见表 6-16、表 6-17。

表 6-15　不同厚度夯实土墙墙体的热阻

厚度/m	0.3	0.5	1.0	1.5	2.0	3.0
热阻/℃·m^{-2}	0.53	0.78	1.41	2.03	2.66	3.91

表 6-16　曲周地区温室墙体厚度变化对热环境的影响(1997 年 1 月 28 日)

墙体厚度/m	0.3	0.5	1.0	1.5	2.0	3.0
平均气温/℃	13.93	14.01	15.47	15.80	16.73	17.03
最低气温/℃	4.25	4.35	4.79	4.79	5.22	5.06
最高气温/℃	30.04	30.11	33.80	34.87	36.66	37.78
≥20 ℃有效积温/℃·d	38.48	38.83	59.58	66.16	76.88	83.87
≥10 ℃有效积温/℃·d	24.93	25.15	31.36	32.11	38.6	38.93
增温率	4.300	4.303	4.940	5.105	5.413	5.602
保温率	1.162	1.168	1.110	1.106	1.052	1.030
≥20 ℃持续时间/h	6	6	7	7	7	7
综合指标Ⅰ	0.098	0.126	0.541	0.613	0.840	0.877
优劣顺序	6	5	4	3	2	1

表 6-17　北京地区温室墙体厚度变化对热环境的影响(1997 年 1 月 28 日)

墙体厚度/m	0.3	0.5	1.0	1.5	2.0	3.0
平均气温/℃	13.08	13.14	14.89	15.23	16.22	16.51
最低气温/℃	4.47	4.51	5.07	5.07	5.55	5.40
最高气温/℃	26.65	26.91	30.94	32.13	34.03	35.13
≥20 ℃有效积温/℃·d	20.08	21.30	41.48	48.94	60.39	67.27
≥10 ℃有效积温/℃·d	24.89	24.30	35.00	35.07	42.97	43.09
增温率	3.717	3.757	4.447	4.645	4.970	5.160
保温率	1.272	1.299	1.159	1.160	1.071	1.051
≥20 ℃持续时间/h	5	5	8	8	8	8
综合指标Ⅰ	0.093	0.119	0.556	0.663	0.860	0.902
优劣顺序	6	5	4	3	2	1

从模拟结果看出:

1. 显然,墙体厚度对温室保温绝热起到很大作用,但墙体厚度增加到一定程度,增温效果并不明显,这一结论与前人试验结论相符。

曲周墙厚从 0.5 m 增加到 1.0 m 时,平均气温增加 0.5 ℃,最高气温增加 3.7 ℃,最低气温增加 0.44 ℃;厚度从 1.0 m 增加到 1.5 m,平均气温只增加了 0.33 ℃,最高气温增加 1.0 ℃,最低气温不变;厚度从 1.5 m 增加到 2.0 m,增温幅度较大,但从 2.0 m 增加到 3.0 m,增温效果很小。北京地区的模拟结果有类似的结论。

2. 本模型对墙体的模拟结果表明,随墙体厚度增加,平均气温、最高、最低气温均升,但最低温升高幅度较小,这一结论与文献不相符。其原因尚待进一步分析。

3. 墙体有一定的蓄热能力,对于外温的波动,有一定的延缓和衰减作用,模型中墙体用反应系数法,因此,墙体增温效果并不随热阻线性增长。

第七章　日光温室空气湿度环境特征及除湿技术

第一节　研究概况

　　由于日光温室以一种十分封闭的设施以达到保温目的,室内湿气不易散逸,是一种十分高湿的环境。研究认为高湿环境对植物的生长及生产不利,引起作物的生理失调,如温室高湿会造成黄瓜的不定根,高湿引起缺钙造成畸形叶,破坏黄瓜的水分平衡等;并且认为 24 h 的高平均湿度可使黄瓜的产量及品质受到影响。学者研究发现,温室黄瓜在苗期保持 90% 的相对湿度后,叶面积增长率会减少,只有当湿度降低(60%)并且光照强度增大时,气孔由于规律的失水而张开,这就刺激了 CO_2 的吸收,使同化作用增加。高湿的环境还使植物蒸腾受到限制,影响根系对土壤养分的吸收和利用,并且加重各种植物病害的发生和蔓延。尤其是植物的病害,多发生在具有一定的露时、适宜的温度及相对湿度下。个别学者分析了大棚每隔半小时的1.5 m 高处小气候观测资料,用相对湿度 93% 作为大棚黄瓜叶片结露的临界值,通过放风降低相对湿度以减少露时,对日光温室黄瓜霜霉病的防治有一定的效果。再则,封闭的环境也会使蔬菜受到有害气体的危害。由此可知,日光温室的高湿环境将导致作物生产率的降低、病害的发生和蔓延,因而成为影响蔬菜产量形成的主要限制性因素之一,所以改善温室的湿度环境已引起人们的重视。

　　从现有资料看,国外对温室的除湿有不少研究,如日本的三原羲秋等(1978)用热交换型除湿换气法进行了除湿,即在热交换器上安装吸气用和排气用的换气扇,当换气风扇运转时,室内导入高温低湿的空气,同时排出高温高湿的空气。但此法投资较大,且需要使用热交换器中热交换面积和栽培床的面积大致相同,受经济条件限制,不易普及应用。日本的古在豊树等(1982)用麦秸和黑色聚乙稀薄膜覆盖地面,研究了晴天和阴天两天的夜间降湿效果,并认为铺麦草使绝对湿度和相对湿度降低的原因是草层阻止了地表和空气的水汽交换,不是麦草直接吸收水汽造成的,而是地表蒸发的水分在麦草上结露,加上麦草吸水,抑制了地表面向空气的水汽流动。若用固体除湿剂如硅胶、铝胶及氯化钙等进行除湿,但所用材料投资较多并且除湿剂的还原,再生工艺复杂,不能推广应用。以上研究成果着眼于温室的通风达到降温,维持 CO_2 浓度的目的,同时也降低了室内湿度。国内对温室的除湿研究较少,只有零星报道。随着日光温室的大面积推广,对节水灌溉的普及提供了条件,节水灌溉在节水的同时,也降低了室内的空气湿度。

　　就目前情况看,在我国的日光温室生产上,农民常采用的除湿办法就是扒缝进行自然通风,但这种方法降湿效果有限,除耗费劳力、棚膜之外,更不利于寒冷季节的保温。

　　保护地内的空气湿度管理主要是除湿,日光温室除湿的两个主要目的是防止作物沾湿和降低空气湿度,防止作物沾湿是为了抑制病害。因而,除湿是否有效主要看是否降低了空气湿度以及减少了沾湿时间。目前温室内除湿的主要方法有：

　　1. 用地膜覆盖,抑制土壤表面蒸发；

　　2. 以稻草、麦草等吸水性保温物质进行自然吸湿；

　　3. 进行节水灌溉即抑制灌水,以减少土壤表面蒸发；

　　4. 除去覆盖材料的露水,使绝对湿度下降；

　　5. 采用换气装置,将湿空气排出室外,同时使室内温度降低很少。

　　总而言之,日光温室除湿方面系统的研究还不多见。

　　本章主要参照国内外的研究结果,比较研究了适合国情的几种切实有效的除湿方法,既节能,不能降温太多,同时又投资较少的除湿方法,并在此基础上试图对各种方法进行客观的评价,为日光温室的除湿提供科学的指导。在试验的基础上,利用温室热量平衡原理,找出温室内湿度的计算模式,为日光温室内湿度的预报及调控提供理论依据。

第二节　材料与方法

一、试验地概况

　　1994 年 3 月 9 日—5 月 5 日,在银川郊区红花乡民乐村村民张义家的两栋相同结构节能型日光温室进行试验,主栽津杂 2 号黄瓜。

　　1994 年 10 月 8 日—12 月 26 日在宁夏永宁气象站内两栋相同结构节能型日光温室进行试验,主栽津春 2 号黄瓜。

　　1996 年 3 月 17 日—4 月 23 日,在宁夏银川贺兰地区八里桥新建温室群中选用两栋相同结构节能型日光温室,主栽辣椒。

　　以上所选用的日光温室,是 20 世纪 90 年代银川普及推广的节能日光温室,每栋长 32.4 m,宽 7.3 m,脊高 2.9 m,建筑面积 236.5 m²,室内长 30 m,内跨 6 m,脊高 2.7 m,可利用面积 0.27 亩。由拱架、后墙、山墙、前屋面、后屋面和其他一些附属设施组成(图 7-1),温室坐北向南,东西延长。

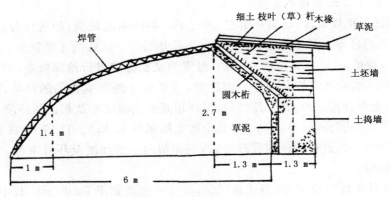

图 7-1　试验温室剖面图

　　1994 年 3 月 9 日—5 月 5 日第一次试验,前屋面选用聚乙烯薄膜覆盖,后两次试验选用了聚氯乙烯无滴薄膜覆盖。每次试验所选用的温室进行同样的管理。

二、试验设计

为了避免冬季生火引起试验温室与对照温室的环境不同,故试验在春季栽培和秋季栽培两时段进行,分三种处理:处理1,覆盖(地膜覆盖和稻草覆盖)(分别在春季和秋季进行);处理2,小风量强制通风(分为:①打开风机,由导风管送气;②加风筒通风,由导风管送气;③关闭进气窗,只由风机抽气);处理3,膜下滴灌。

(一)处理1,覆盖试验

1994年3月9日—5月5日进行简单的覆盖试验。分为地膜覆盖和稻草覆盖。同时与未施任何措施的温室比较,两温室的管理相同。3月9日—4月12日地膜覆盖,4月19日—5月5日稻草覆盖(作物行间铺稻草3 cm厚,整栋温室共需稻草50 kg)。

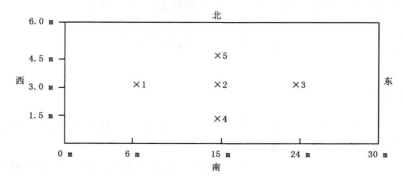

图7-2　试验温室小气候观测点分布

室内小气候观测点设置如图7-2所示。共设置5个观测点,其中观测点1、3、4、5设置两个高度:0.2 m和1 m,观测点2设置三个高度:0.2 m、1 m、1.5 m,每高度上各放一对干湿球温度表,观测点2在1 m高处放湿度计一台,观测点2与5之间、2与4之间各埋一套地中温度表,对照温室设点同上。两温室同时进行常规气象观测。其中绝对湿度、相对湿度,空气温度为1.5 m、0.5 m、0.2 m三个高度的平均值,土壤温度为0、5、10、15、20 cm 5个层次的均值,照度为每日14时1.5 m高度的照度。

1994年秋进行正规试验,试验开始前,进行了一周的本底观测,经统计分析,两温室的空气温湿度和土壤温度等差异不显著(表7-1)。之后开始三个阶段的正规试验:1994年10月8日—11月3日(黄瓜10月7日定植)任选一温室为试验温室进行地膜覆盖,另一温室为对照温室。11月3日,试验温室撤去地膜。去膜后,为了保证两温室相同的环境,两温室同时浇水,试验温室不进行处理。两天后,经测定,保持相同的土壤湿度及相似的环境。11月5日试验温室覆盖稻草(作物行间铺草3 cm厚,整个温室用稻草55 kg)。11月28日去稻草,两温室同时浇水,并停留两天,进行同样的管理,以达到相似的土壤湿度及环境条件,12月2日开始进行强制通风试验。

1994年10月8日—12月20日正规试验,设置观测点如图7-3所示。其中,观测点1、2、3、4、6、7、8、9设活动面一层,随黄瓜生长测点上移,每点各放一对干湿球温度表。观测点5设三层:0.2 m,活动面,1.5 m;每点各放一对干湿球温度表,1.5 m高处放一对最高、最低温度表,自记温度计,自记湿度计各一台。温室中部地面有地面温度表,最高,最低温度表,地中埋一套曲管地温表。

表 7-1 试验温室和对照温室本底观测的差异显著性检验

项目	平均值 $\overline{X}$		$Sn-1$		Sn^2-1		显著性检验 $t=\dfrac{\overline{x_1}-\overline{x_2}}{\sqrt{\dfrac{1}{n-1}(S_1{}^2+S_2{}^2)}}$	结果
	1温室	2温室	1温室	2温室	1温室	2温室		
绝对湿度/hPa	19.9	20.8	3.28	2.95	9.06	8.70	$t=0.56$　$t_{0.05}^{14}=2.145$ $\lvert t\rvert<t_{0.05}$	绝对湿度 不显著
相对湿度/%	79.5	80.0	3.80	3.61	14.01	13.06	$t=0.25$　$t_{0.05}^{14}=2.145$ $\lvert t\rvert<t_{0.05}$	相对湿度 不显著
空气温度/℃	20.5	20.7	2.60	2.76	6.75	7.64	$t_{0.05}^{14}=2.145$ $\lvert t\rvert=0.12<t_{0.05}$	空气温度 不显著
土壤温度/℃	21.7	22.2	2.32	2.45	5.47	6.00	$t_{0.05}^{14}=2.145$ $\lvert t\rvert=0.45<t_{0.05}$	土壤温度 不显著
照度/lx	21275	21229	3670	3556	1.35×10^7	1.26×10^7	$t_{0.05}^{14}=2.145$ $\lvert t\rvert=0.02<t_{0.05}$	照度 不显著

注:本底观测在 1994 年 9 月 29 日—10 月 6 日进行。

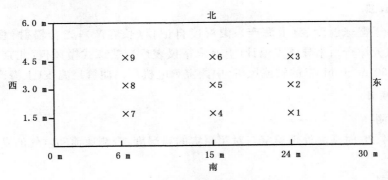

图 7-3　试验温室小气候观测点分布

对照温室设点同上并进行同样的管理,两温室同时进行常规观测和加密观测。

11 月 11—13 日,观测点重新调整,进行加密观测,用以分析室内温、湿度环境的时空分布(11 月 11—12 日为晴天,12—13 日为阴天)调整后设点如图 7-4 所示。

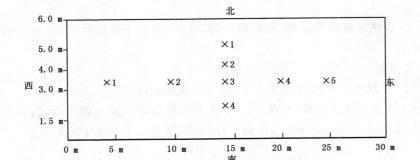

图 7-4　试验温室小气候观测点分布

中点 3 设三层：0.2 m,活动层,1.5 m。其余设二层：0.2 m,活动层。各点放置干湿球温度表。温室中部 1 m 高处,放置总辐射仪一台,用以测定总辐射通量密度。

11 月 14 日,观测点恢复如前。

（二）处理 2,小风量强制通风

12 月 2 日开始进行强制通风试验,用一台风量为 60 m³·min⁻¹ 的轴流风机,安装于西墙 1.5 m 高处,对面东墙 2.5 m 高处开孔 0.6×0.6 m²,开孔处连接一根长 28 m 的直径 0.6 m 聚乙烯管,从距进风口 2 米处,管上每隔 1 m 有一对直径 0.08 m 的小孔,不开风机时,聚乙烯导风管闭合,开风机后,由于负压,导风管张开,外界空气由管上的小孔缓慢进入。

（三）处理 3,膜下滴灌

1996 年 3 月 17 日—4 月 23 日,选择两栋日光温室,每栋的灌水方式不同。一栋采用膜下滴灌,另一栋采用沟灌（对照）。小气候观测点设在温室中部,每一温室中部 1 m 高处放置一对干湿球温度表、自记湿度记一台,地面各放地面温度表,最高最低温度表,地中各埋一套地温表。两温室的管理相同,并同时进行常规观测和加密观测。

三、观测项目及仪器

（一）试验仪器

小气候架;干湿球温度表（上海产）;温湿度自记仪（长春产）;光合辐射、总辐射仪（长春产）,净辐射仪（天津产）;半导体点温计（上海求精仪表厂）;热球式微风仪（北京环境保护仪器厂）;通风量为 60 m³·min⁻¹ 的轴流风机（中国宝鸡电机厂）;曲管地温表（上海产）。

（二）观测项目

1. 常规观测

每日 08、14、20 时观测处理温室与对照温室的温湿度;观测地面和空气的最高、最低温度,14 时换自记纸。

2. 加密观测

每隔 2 h 观测一次,观测项目有干湿球温度,地温,棚膜温度（6 点平均）,净辐射、总辐射和光合辐射。

3. 土壤湿度测定

每隔 8 d 测定一次土壤湿度,测定深度为 5、10、15、20、30、40 cm 层次,灌水前后各测定一次。

4. 每隔 10 d 测定黄瓜的株高,叶片数（每温室选 40 株平均）,叶面积;同时也测定了第一雌花节位及产量。

5. 病虫害观测

每隔 5~10 d 观测一次病情指数,发病期每日观测病情。

测量方法:每温室各定黄瓜 40 株,每 5 d 进行每株各叶片病级调查,将病斑占叶面积比例 0、<1/3、1/3~1/2、1/2~2/3、>2/3（或病死叶）分别定为 0、1、2、3、4 等五级。

$$病情指数 = \frac{\sum 病级叶数 × 病级}{总叶数 × 最重病级} × 100\%$$

第三节　空气湿度环境及数学模型

一、空气湿度的时空分布

（一）日变化：晴天、阴天室内外相对湿度和绝对湿度的日变化见图 7-5、图 7-6。

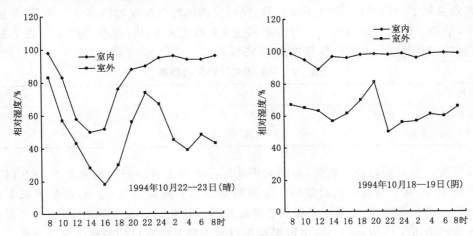

图 7-5　室内外相对湿度日变化

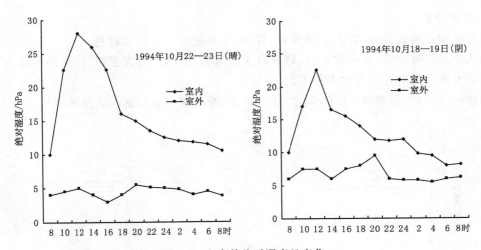

图 7-6　室内外绝对湿度日变化

注：室外资料用温室附近气象站百叶箱内观测资料，为便于比较，室内选用 1.5 m
高处的观测资料，白天温室揭膜（扒缝）通风。

由图可见：

1. 无论是绝对湿度还是相对湿度，温室内远大于室外，晴天时室内外差异比阴天大得多。

2. 晴天，室内外相对湿度变化较为一致，有明显的日变化，上午揭帘后，随着室内气温升高，相对湿度下降，至盖帘后，相对湿度又迅速上升，至深夜到清晨揭帘前接近饱和或达到饱和。阴天时，除正午前后，相对湿度稍有下降外，其余时间一直接近饱和状态，无明显起落。

3. 晴天时相对湿度≥90％时间 22 时—次日 08 时,达 10 h 之多,≤80％时间 10 时—18
时,约 8 h,阴天则全天 24 h 相对湿度均≥90％,日光温室的高湿环境可见一斑。

4. 在冬季条件下,室外绝对湿度变化较小,这是众所周知的,但室内绝对湿度却有明显的
日变化,尤以晴天正午前后为突出,这显然与正午前后室内蒸散(棵间蒸发加蒸腾)较强有关。
需要注意的是即使是阴天,正午前后室内绝对湿度也明显上升,这就启示人们室内水汽量的增
加主要在白天,在高湿时段采取通风将有效地排除湿气。

日光温室属于封闭系统,湿气不易扩散,使得室内的空气湿度始终高于室外,据观测统计,
秋冬季节,平均一日内相对湿度≥93％的频率达 6 h 以上占 89％,春季,为 85％(表 7-2),并且
在冬季,夜间相对湿度≥93％的保证率高达 95％。

表 7-2　相对湿度≥93％的频率

持续时间/h	<3	3～6	6～9	9～12	>12
10—12 月(统计 60 d)	3％	8％	19％	40％	30％
3—5 月(统计 50 d)	4％	11％	26％	39％	20％

相对湿度≥93％的时段为露时,露时大于 6 h 可使霜霉病的侵染概率增大,6 h 以下病菌
侵染概率减小,不利于霜霉病菌的繁殖。如果温室中露时能减少 2～3 h,对各种病害都有防
治作用。由表 7-1 可知,日光温室中有利于结露的时间较长,且>6 h 频率高,露时的存在给蔬
菜的各种病害提供了温床,因此,采取降湿措施以减少露时便有可能减轻病害的发生。

(二)空间分布

1. 水平分布

绝对湿度在南北方向(左)、东西方向(右)的分布见图 7-7,由图可见:

①从全天各时刻看,在南北方向,晴日白天为南高北低,东略高于西,夜间湿度较为一致;

②阴天室内湿度在各方向变化不大;

③相对湿度:东西差值≤2％,南北差值≤3％,所以整个温室都在高湿的环境下。

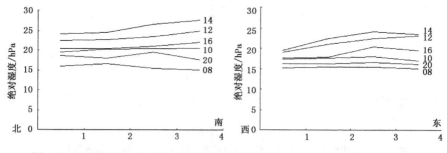

图 7-7　绝对湿度的水平分布(晴天,活动面高度)(1994 年 11 月 11—12 日)

2. 垂直分布

将 1994 年 10 月 8 日—11 月 3 日(黄瓜苗期至初花期)室内的 1.5 m、0.5 m、0.2 m 高度
的不同时刻的平均湿度及 11 月 5—28 日(黄瓜结瓜期)室内 1.5 m,活动面高度和 0.2 m 高度
的不同时刻的平均值列于表 7-3。

表 7-3　不同高度湿度的比较

日期	高度	08 时		14 时		20 时		全天平均	
		绝对湿度/hPa	相对湿度/%	绝对湿度/hPa	相对湿度/%	绝对湿度/hPa	相对湿度/%	绝对湿度/hPa	相对湿度/%
1994 年 10 月 8 日—	1.5 m	11.5	91	20.3	52	15.4	83	14.7	79
11 月 3 日,苗期至初	0.5 m	11.5	93	19.2	54	15.2	85	14.4	79
花期	0.2 m	11.6	93	18.5	52	15.2	83	14.2	81
11 月 5 日—12 月 1	1.5 m	14.7	97	27.4	69	17.8	94	18.7	88
日,结瓜期	活动面	14.6	98	26.1	74	17.7	96	18.3	91
	0.2 m	14.4	97	25.9	75	17.6	95	18.1	90

由表 7-3 可知:

(1)全天平均而言,绝对湿度随高度差异不大,相对湿度虽以活动面最大,但差值也不大,仅 2%~3%。

(2)除 14 时以外,无论绝对湿度还是相对湿度随高度变化都不明显,14 时,绝对湿度以 1.5 m 最大,活动面次之,下层最小,差值达 0.8~1.5 hPa。相对湿度以中层最大,上下层次之,差值达 2%~5%。白天植物蒸腾强烈,水汽聚集于冠层上方,而活动层虽绝对湿度不小,但因气温相对较低而相对湿度较高。

(3)随着作物群的增大,室内绝对湿度和相对湿度有显著增加,这一点在管理上也是应当注意的。

综上所述,日光温室内空气湿度环境的特点是,高湿且空间分布均匀,露时较长,露时大于 6 h 频率较高,这种环境不仅能影响蔬菜的正常生长,也容易导致蔬菜各种病害的发生和蔓延。

二、日光温室内空气湿度的数学模型

日光温室内空气温度的数学模型是以温室内热量平衡方程为基础建立的,如果以温室内水汽收支方程为基础建立模式困难较多,因为温室内蒸发、蒸腾量的参数难以取得,虽然蒸发、蒸腾在室外一维场状况下容易获得,但不适用于温室内二维场。而能量平衡方程中各参数容易测得,因而我们选用了温室内热量平衡方程作为模式的基础,并在黄瓜苗期进行了尝试。

(一)换气次数的确定

表示温室通气状态的物理量有:换气量、换气速率、换气次数,三者有下列关系:

$$换气量(m^3 \cdot h^{-1}) = 温室容积(m^3) \times 换气次数(m^3 \cdot m^{-3} h^{-1})$$
$$= 温床面积(m^2) \times 换气速率(m^3 \cdot m^{-2} h^{-1})$$

大原源二利用热量平衡法,根据温室床面热平衡各项的测定值推算换气传热项,再由换气传热项推算换气量。

大原源:提出,在晴天昼间的某一有限时段内,辐射与气温变化不大,且作物,温室材料相对稳定的条件下,温室床面出现如下热平衡:

$$S_n = V_e + H_t + B_0 \tag{7-1}$$

式中,S_n 为温室床面的短波辐射吸收量(W・m^{-2});V_e 为换气传热项(W・m^{-2});H_t 为通过壁面交换的热量(W・m^{-2});B_0 为被地面所吸收并因热传导向地中传播的热量(W・m^{-2})。(7-1)式中,S_n 可实测到。

$$H_t = K \times \frac{\Delta t}{\beta} \tag{7-2}$$

式中,K 为温室壁面的传热系数(W・m^{-2}・℃$^{-1}$),根据温室结构,前屋面(薄膜)取 6.396 W・m^{-2}・℃$^{-1}$,山墙取 1.127 W・m^{-2}・℃$^{-1}$,后屋面取 0.46 W・m^{-2}・℃$^{-1}$,由它们占温室表面积的比例大小,确定 $K = 4.291$ W・m^{-2}・℃$^{-1}$;Δt 为 1.5 m 高处室内外温差;β 为温室保温比(床面积/壁面积)B。由热平衡台站规范法计算得:

$$V_e = \frac{N \cdot \Delta i \cdot H}{r} \tag{7-3}$$

式中,Δi 为室内外焓差(J・kg^{-1});r 为空气比容(m^3・kg^{-1});H 为温室平均高度(m);N 为换气次数(次・h^{-1})。

将(7-2),(7-3)式代入(7-1)式得:

$$N = \frac{S_n - H_t - B_0}{\Delta i \cdot H/r} \tag{7-4}$$

(7-4)式为确定换气次数的简易方法,不同的季节换气次数不同,换气次数是计算室内空气湿度的必要参数。

(二)计算温室内空气湿度数学模型

温室内地面的热平衡式可写为:

$$A_f \cdot {}_iS_0 = A_f(B_0 + LE_0 + L_0) \tag{7-5}$$

式中,A_f 是地面积,${}_iS_0$ 为地面的净辐射,B_0 为土壤热通量,LE_0 为地面的潜热传导项,L_0 为感热传导项。

(7-5)式中:

$$_iS_0 = \frac{f(Q+q)}{1 - r_g \cdot a}(1-a) + 4\delta\sigma T^3({}_iT_w - {}_iT_s) \tag{7-6}$$

式中,$(Q+q)$ 是室外的总辐射;a 是地面的反射率(0.25);r_g 是内壁面的反射率(0.13);δ 为灰体发射率(0.95);${}_iT_w$ 和 ${}_iT_s$ 是内壁和地面的温度(℃);T 是平均温度(°K);f 是白天光照系数,与透光率有关,在散射辐射下为 0.5~0.7,在直达辐射下为 0.55~0.8;σ 是斯蒂芬-波尔兹曼常数(5.67×10^{8}W・m^{-2}・°K^{-4})。

$$A_f LE_0 = \rho L V_c \cdot \frac{0.622}{P} \cdot \frac{d_i e_a}{dt} + A_w\{{}_i k_w[{}_i e_a - e({}_i T_w)] + k_{ven}({}_i e_a - {}_0 e_a)\} \tag{7-7}$$

$$A_f L_0 = C_p \rho V_c \frac{d_i T_a}{dt} + A_w\{{}_i h_w({}_i T_a - {}_i T_w) + h_{ven}({}_i T_a - {}_0 T_a)\} \tag{7-8}$$

式中,C_p 为空气的定压比热(1.005×10^{3}J・kg^{-1}・℃$^{-1}$);ρ 为空气密度(kg・m^{-3});V_c 为温室的容积(m^3);${}_0 e_a$ 是室外水汽压(mmHg);${}_i e_a$ 是室内水汽压;${}_i k_w$ 和 ${}_i h_w$ 是内壁面的凝结热传导系数(W・m^{-2}・mmHg^{-1})和感热传导系数(W・m^{-2}・℃$^{-1}$);h_{ven} 和 k_{ven} 是通风感热传导系数(W・m^{-2}・℃$^{-1}$)和通风潜热传导系数(W・m^{-2}・mmHg^{-1})。

1. 换气传热系数 $h_{ven}^* = h_{ven} + k_{ven} = (c_a + \frac{l\Delta x}{\Delta t}) \cdot \rho \cdot V_g$

式中，c_a 为干空气比热($J \cdot kg^{-1} \cdot ℃^{-1}$)；$\rho$ 为干空气密度($kg \cdot m^{-3}$)；Δx 是室内外的绝对湿度差($kg \cdot kg^{-1}$)；ΔT 是室内外温度差(℃)；l 为蒸发潜能($2.5 \times 10^6 J \cdot kg^{-1}$)；$V_g$ 是换气率($m^3 \cdot m^{-2} \cdot h^{-1}$)。

2. 内壁面对流传热系数 $_iK_w = H_{ig}/C_p/Le$，单位：$kg \cdot m^{-2} \cdot h^{-1} \cdot (kg \cdot kg^{-1})^{-1}$

$H_{ig} = 1.31 \times [_iT_a - _iT_w]^{1/3}$ 内壁面对流传热系数 J，Le 为 Lewis 数，大多数气体在另一种气体中扩散时，Le 具有 1 的数量级，在温室中符合条件，所以我们将 Lewis 数近似采用为 1.2。

$$h_{ven} = C_p \rho V_c N / 3600 A_w$$

式中，A_w 为温室壁面积，N 为换气次数，由(7-4)式决定。

所以，$K_{ven} = h_{ven}^* - h_{ven}$；$_ih_w = 5.818 \ W \cdot m^{-2} \cdot ℃^{-1}$。

将(7-7)式带入(7-5)式，整理得：

$$\rho L V_c \cdot \frac{0.622}{p} \cdot \frac{d_ie_a}{dt} + A_w [_ik_w + k_{ven}]_ie_a = A_f \cdot _iS_0 - A_f \cdot B_0 - A_f \cdot L_0$$
$$+ A_w[_ik_we(_iT_w) + k_{ven} \cdot _0e_a]$$

令　　　　　　　　　$$A = \rho L V_c \cdot \frac{0.622}{p}$$
$$B = A_w[_ik_w + k_{ven}]$$
$$C = A_f \cdot _iS_0 - A_f \cdot B_0 - A_f \cdot L_0 + A_w[_ik_we(_iT_w) + k_{ven} \cdot _0e_a]$$

得　　　　　　　　　$$A \cdot \frac{d_ie_a}{dt} + B_ie_a = C$$

解此微分方程得

$$_ie_a = \frac{C}{B} + Ke^{-\frac{B}{A}t} \tag{7-9}$$

式中，K 为待定系数，t 为两观测时段的时间间隔，(7-9)式即为日光温室内空气湿度的计算模式。

(三)模式的验证

利用模式计算 1994 年 10 月 31 日—11 月 1 日(晴)和 1994 年 10 月 18—19 日(阴)两天内空气湿度的变化。

对于白天通风次数的确定，应该分为两部分：一是揭膜(扒缝)通风后通风次数的大小；二是闭膜条件下由于缝隙漏风的换气次数。

所以就以上两天确定：

1. 揭膜(扒缝 0.2 m×30 m)，通风情况下，通风次数平均为 3.38 次 $\cdot h^{-1}$。

换气率 $V_g = 1.88 \ m^3 \cdot m^{-2} \cdot h^{-1}$

$\quad\quad h_{ven} = 1.214 \ W \cdot m^{-2} \cdot ℃^{-1}$

$\quad\quad h_{ven}^* = 1.758 \ W \cdot m^{-2} \cdot ℃^{-1}$

$\quad\quad h_{ven} = 0.762 \ W \cdot m^{-2} \cdot mmHg^{-1}$

2. 闭膜条件下，通风次数平均为 0.96 次 $\cdot h^{-1}$，换气率 $V_g = 0.54 \ m^3 \cdot m^{-2} \cdot h^{-1}$。

$\quad h_{ven} = 0.347 \ W \cdot m^{-2} \cdot ℃^{-1}$

$\quad h_{ven}^* = 0.456 \ W \cdot m^{-2} \cdot ℃^{-1}$

$\quad k_{ven} = 0.106 \ W \cdot m^{-2} \cdot mmHg^{-1}$

$_ik_w = 5.233 \text{ W} \cdot \text{m}^{-2} \cdot \text{mmHg}^{-1}$

夜间，由于是双层覆盖，通风显热交换及潜热交换较小，可忽略，视 $h_{ven} = k_{ven} = 0$。白天内壁面凝结热传导系数 $_ik_w$ 可视为零。

将两天内湿度的计算值和实测值比较，得图 7-8、图 7-9。

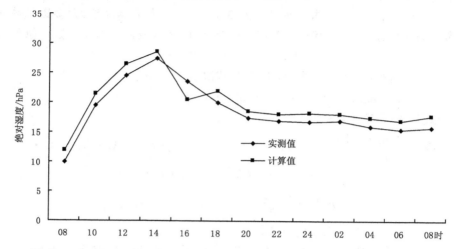

图 7-8　晴天(1994 年 10 月 31 日—11 月 1 日)绝对湿度实测值与计算值比较

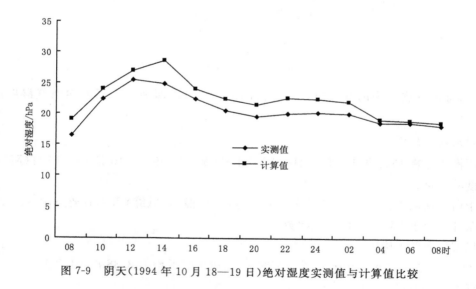

图 7-9　阴天(1994 年 10 月 18—19 日)绝对湿度实测值与计算值比较

从图 7-8、图 7-9 可见，绝对湿度实测值与计算值随时间的变化趋势基本一致，晴天，平均绝对误差为 1.46 hPa，相对误差为 7.4%，阴天平均绝对误差为 1.34 hPa，相对误差为 6%。图 7-10 表示了湿度实测值与计算值的相关关系。

图中样本 $N = 35$，计算值与实测值相关系数 $R = 0.97$，对相关系数进行显著性检验 $t = 6.732$，$t_{0.01(33)} = 2.750$，$t > t_{0.01(33)}$ 相关极显著。

由上，我们认为，本模型基本能反映湿度的变化，说明模式是可靠的。

由空气湿度计算式 $_ie_a = \dfrac{C}{B} + Ke^{-\frac{B}{A}t}$ 可知，决定空气湿度 $_ie_a$ 大小的因子为：

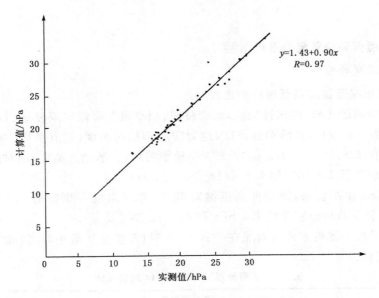

图 7-10　计算值与实测值的相关关系

$$A = \rho L V c \cdot \frac{0.622}{p}$$

$$B = A_w [_i k_w + k_{ven}]$$

$$C = A_f \cdot _i S_0 - A_f \cdot B_0 - A_f \cdot L_0 + A_w [_i k_w e(_i T_w) + k_{ven} \cdot _0 e_a]$$

A, B 两项是确定的量,若要减少湿度,就必须减少 C 项,可行的措施是增大地中传热量 B_0 和增大感热传导项 L_0,根据热量平衡公式可知,首先应减少潜热项 LE,这意味首要的措施是抑制蒸散,因此,覆盖土壤减少棵间蒸发,滴灌降低土壤湿度应认为是有效的措施,此外在计算 h_{ven}^* 时,涉及换气率及室内外湿度差 Δx、温度差 ΔT,因此,通风土壤或空气加热也是降湿的措施,但后者需要一定的投资和能耗。

(三)本模式的意义

1. 可预报露时为防止病害提供依据。由绝对湿度计算值便不难求到相对湿度 $r = _i e_a /_i e(_i T_a) \times 100\%$,相对湿度 $\geqslant 93\%$ 的时段为露时,调控露时,可达到减少病害的目的。

2. 不同的蔬菜对湿度的要求不同,通过模式计算值,调控湿度,以达到蔬菜对湿度的需要,确保蔬菜的正常生长,在调控湿度的同时,要兼顾温室其他环境因子诸如温度的变化。

3. 空气湿度值也是温室质能平衡计算中所必需的参数。

第四节　除湿技术及效应

为了确保日光温室内蔬菜等农产品的健康生长,必须结合日光温室所处的各项环境条件,在科学研究的基础上采取科学有效的管理措施,才能实现有效调控室内湿度的目的。下面主要介绍几种常用的除湿技术及产生的效应。

一、覆盖

采用了地膜覆盖和稻草覆盖进行除湿。

(一)覆盖对湿度的影响

1. 平均降湿情况及最高最低湿度的比较

利用两组平均数的比较,经统计检验,地膜覆盖、稻草覆盖降湿效果显著($|t| > t_{0.05}$)。地膜覆盖下,1994 年春茬栽培,在活动面高度,绝对湿度和相对湿度(五点平均)与对照相比,分别降低 1.2 hPa 和 2.8%($|t| > t_{0.05(30)}$),1994 年秋季栽培,在活动面高度,绝对湿度和相对湿度(九点平均)分别降低 1.9 hPa 和 4.7%($|t| > t_{0.05(28)}$)。

在稻草覆盖下,春茬栽培,活动面高度绝对湿度、相对湿度分别降低 1.1 hPa 和 2.3%($|t| > t_{0.05(30)}$)。秋季栽培分别降低 1.5 hPa 和 4%($|t| > t_{0.05(26)}$)。

表 7-4 比较了两种覆盖方式与对照在一日中 08 时(湿度变化最小时间)和 14 时(湿度变化最大时)的湿度值。

表 7-4　不同处理下 08 时与 14 时湿度值

时间	措施	08 时平均值		14 时平均值	
		绝对湿度/hPa	相对湿度/%	绝对湿度/hPa	相对湿度/%
1994 年 10 月—11 月 3 日	地膜	11.6	90	16.2	48
	对照	12.1	93	18.5	54
	差值	-0.5	-3	-2.3	-6
1994 年 11 月 5—28 日	稻草	13.2	95	20.9	58
	对照	13.8	96	23.0	63
	差值	-0.6	-1	-2.1	-5

注:数据来源于所有观测日内活动面高度所有观测点的平均值,负值表示与对照相比湿度降低值。

由表 7-4 可知:

(1)处理与对照相比,08 时降湿效果不如 14 时显著,主要原因为夜间的蒸发、蒸腾减弱,而白天相反。

(2)地膜覆盖的降湿效果较稻草覆盖好。因为地膜覆盖起到了抑制蒸发的作用。稻草覆盖,由于地表蒸发的水分在稻草上结露,稻草吸水,切断了地表面向空气的水汽流动,但由于下层吸水的稻草本身有蒸发,使得稻草覆盖降湿效果不如地膜覆盖,这与古在丰树等(1982)的试验是一致的。

2. 不同天气条件下的降湿效果

将地膜覆盖,稻草覆盖在其所有观测日分别晴天和阴天求日平均值,得到表 7-5。

表 7-5　地膜、稻草覆盖在不同天气条件下降湿效果

措施	晴		阴	
	绝对湿度/hPa	相对湿度/%	绝对湿度/hPa	相对湿度/%
地膜	13.4	76	13.7	92
对照	14.5	81	14.5	95
差值	-1.1	-5	-0.8	-3

续表

措施	晴		阴	
	绝对湿度/hPa	相对湿度/%	绝对湿度/hPa	相对湿度/%
稻草	16.1	81	15.1	95
对照	17.1	89	15.9	97
差值	−1.0	−5	−0.8	−2

　　选择典型的晴阴天进行统计,标准:晴,云量占天空面积不到 1/10 者;阴,凡中、低云的云量占天空面积 8/10 及以上者。根据以上结果统计标准为:地膜覆盖,晴天 10 d,阴天 5 d;稻草覆盖,晴天 9 d,阴天 3 d。

　　由表 7-5 可见,晴天条件下,地膜覆盖、稻草覆盖与对照相比,相对湿度各降低 5%,阴天则分别降低 3% 和 2%,晴天的降湿效果优于阴天。

　　3. 湿度的日变化比较

　　将两种覆盖下晴天、阴天活动层湿度日变化与对照相比,得图 7-11、7-12,由图可见:

　　(1)不论晴、阴天,地膜覆盖在一日中不同的时间内,绝对湿度、相对湿度都比对照的低。

　　(2)阴天,稻草覆盖的绝对湿度、相对湿度都比对照的低。晴天,除 10—12 时外,其余时间覆盖的湿度都比对照低,近地层和高层也都有类似结果,10—12 时稻草覆盖处理湿度较高的原因是:夜间,稻草吸收了地面蒸发在其上水汽并结露,湿润的稻草同样能够切断地面与空气间的水汽交换,次日揭帘后,10 时后,随着棚内温度的增高,潮湿的稻草迅速蒸发,而且蒸发变干的速率远远大于棵间土壤的蒸发,因而出现 10—12 时短时湿度增高的现象。变干的稻草没有下部充分的水汽输送,继续起着切断地面水汽蒸发的作用,因而气温下降后,仍有降湿效果。

　　由图还可以看出:在有覆盖的温室内,相对湿度≥93% 的时段平均要比无覆盖的试验温室减少 2 h 左右。

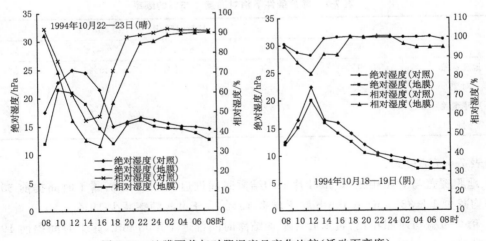

图 7-11　地膜覆盖与对照湿度日变化比较(活动面高度)

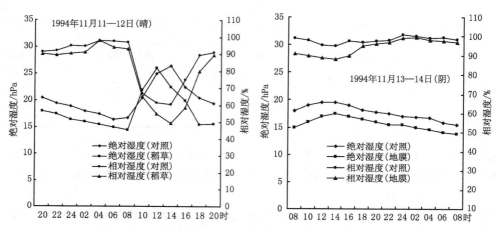

图 7-12　稻草覆盖与对照间湿度日变化比较（活动面高度）

（二）覆盖对露时的影响

以上相对湿度 93% 作为大棚黄瓜叶片结露的临界值，依此判据，我们得到表 7-6、表 7-7。

表 7-6　覆盖对露时的影响

	结露时间	露干时间	露时
地膜覆盖	22:11	07:25	9 h 14 min
对照	21:08	08:00	10 h 52 min
差值	1 h 3 min	35 min	1 h 38 min
稻草覆盖	21:38	8:36	10 h 58 min
对照	20:30	8:55	12 h 15 min
差值	1 h 8 min	19 min	1 h 17 min

表 7-7　覆盖条件下相对湿度 ≥93% 的频率

处理	持续时间/h				
	<3	3～6	6～9	9～12	>12
地膜覆盖	9%	23%	23%	40%	5%
对照	5%	14%	18%	55%	9%
稻草覆盖	0	18%	32%	36%	14%
对照	0	9%	27%	36%	28%

由表 7-6、7-7 得到：

1. 地膜覆盖与对照相比，黄瓜叶片平均结露时间推迟 1 h 03 min，露干时间提前 35 min，露时平均减少 1 h 38 min，小于 6 h 频率增多 13%，大于 9 h 频率减少 19%。

2. 稻草覆盖与对照相比，黄瓜叶片平均结露时间推迟 1 h 08 min，露干时间提前 19 min，平均露时减少 1 h 17 min，小于 6 h 频率增加了 9%，大于 9 h 露时频率减少 14%。

（三）覆盖对黄瓜发病率的影响

在地膜覆盖试验期间，由于连续四天阴天（1994 年 10 月 16、17、18、19 日），10 月 20 日天晴后,两棚有霜霉病发生。适宜的温度和叶面存有水滴是霜霉病发生和蔓延的必要条件,温度条件一般容易满足(15～25 ℃),相对湿度≥83％,容易扩大发病。由此,我们将可能引起发病的环境因子列于表 7-8,分析造成两温室黄瓜发病及发病程度不同的原因。

表 7-8　两温室内霜霉病发生的环境因子对比

温室	病情指数	温度/℃ 夜间/白天	相对湿度/％ 夜间/白天	露时/h
试验温室	5.5％	9.7/18.6	92/75	8.75
对照温室	15.4％	9.8/18.9	94/82	9.87

由表 7-8 看出,两温室的温度条件适宜且相似,露时和湿度则不同,试验温室露时减少1.12 h,并且相对湿度低于对照温室,因此可以认为,露时和湿度是造成了两温室的病情指数不同的主要原因。10 月 21 日采用高温闷棚及喷药控制了病情。

在稻草覆盖期间,两温室内有白粉病的发生,当温度 16～24 ℃,相对湿度 75％以上易发生。同样,我们将可能引起发生病情的条件列于表 7-9。由表 7-9 看出,温度条件适合并且两室内相似,露时差别不大,只有相对湿度试验温室比对照低 3％,因而可以说,相对湿度不同是造成两温室白粉病发生程度不同的主要原因。

表 7-9　两温室内白粉病发生的环境因子对比

温室	病情指数	温度/℃ 夜间/白天	相对湿度/％ 夜间/白天	露时/h
试验温室	4.16	15.3/19.0	93/71	11.5
对照温室	19.8	15.5/19.3	95/75	11.9

(四)覆盖对温度的影响

覆盖不仅影响室内湿度,对土温和气温也有一定影响。

1. 对土温的影响

将不同覆盖条件下对土温的影响列于表 7-10。

表 7-10　地膜覆盖、稻草覆盖对土温的影响(℃)

深度	地膜	对照	增值	稻草	对照	增值
地表	20.0	18.0	2.0	18.6	17.5	1.1
5 cm	19.8	18.0	1.8	18.5	17.7	0.8
10 cm	19.7	18.3	1.4	18.7	17.9	0.8
15 cm	19.6	18.2	1.4	18.5	17.9	0.6
20 cm	19.2	18.5	0.7	18.4	17.9	0.5

注:表中数据来源于不同处理下所有观测日内的全天平均温度的均值。

由以上结果可见:

(1)地膜覆盖能提高土温。在 20 cm 土层内,较对照(地面不施任何措施)平均增高温度1.5 ℃,并且增温的趋势是表层增温最多,可增温 2.0 ℃,随深度的增加,增值逐渐减少。这与杨晓光 1994 年试验得到结论一致。

（2）稻草覆盖同样具有提高土温的作用，在 20 cm 土层内，平均增温 0.8 ℃，并且从上层至下层，增值逐渐减少，表层增值最大，平均达 1.1 ℃，从试验数据看出，地膜覆盖比稻草覆盖提高地温效果好。

2. 对气温的影响（表 7-11）

表 7-11　覆盖对气温的影响（℃）

处理	地膜	对照	差值	稻草	对照	差值
温度	15.7	15.9	-0.2	17.1	17.4	-0.3

表 7-11 说明覆盖对室内的空气温度影响不大，气温略有降低，主要原因为覆盖影响了地面和空气之间的热交换。因此，覆盖使相对湿度降低不是由于温度的升高而是由于抑制了水汽的来源。

（五）覆盖对生物特征量的影响（表 7-12）

表 7-12　覆盖对生物特征量的影响

日期	处理	柱高/cm	叶片数/片	叶面积/cm²
1994 年 10 月 31 日	地膜	30	6.3	70.4
	对照	23	5.4	65.8
1994 年 11 月 7 日	稻草	36	9.0	100.2
	对照	31	7.6	98.7
1994 年 11 月 12 日	稻草	49	10.0	139.8
	对照	47	8.7	135.5
1994 年 11 月 19 日	稻草	59	10.0	179.3
	对照	61	9.8	177.2
1994 年 11 月 28 日	稻草	82	12.2	210.7
	对照	94	11.8	203.4

另外，有覆盖温室内，黄瓜的第一雌花节位为 3～4 节，对照温室内为 4～5 节，试验温室内黄瓜叶片增多，节位低，是丰产性的表现，对照温室内由于湿度较高，影响了产量，（前期产量，试验温室：2017.3 kg·亩$^{-1}$，对照温室：1907.5 kg·亩$^{-1}$）。

二、膜下滴灌

（一）膜下滴灌对湿度的影响

1. 平均降湿情况

膜下滴灌，试验为春茬栽培，前期 3 月 17 日—4 月 23 日，由于外界温度较低，自然通风量不大，后期，由于通风量逐渐增大，削弱了除湿效果，所以我们选用了 3 月 17 日—4 月 23 日为试验阶段。

滴灌同沟灌（对照）相比，降湿效果显著，绝对湿度、相对湿度分别降低 1.25 hPa 和 3%（$|t|>t_{0.05(60)}$）。膜下滴灌在节水的同时又具有覆盖抑制蒸发的效果，室内的水汽来源于植物蒸腾，只有少量的棵间土壤蒸发，所以与沟灌（空气水汽来源为土壤蒸发和植物蒸腾）相比，降

湿显著。

将全天内湿度变化最小时间(08 时)与变化最大时间(14 时)的湿度值列于表 7-13。

表 7-13　08 时与 14 时湿度的比较

措施	08 时平均值		14 时平均值	
	绝对湿度/hPa	相对湿度/%	绝对湿度/hPa	相对湿度/%
滴灌	13.0	91.2	18.1	56.8
对照(沟灌)	13.4	92.5	20.7	63.1
差值	−0.4	−1.3	−2.6	−6.3

注:数据为 1 m 高处所有观测日内的平均值。

与对照相比,14 时降湿最大,相对湿度降低达 6.3%,08 时降湿较少为 1.3%。

2. 不同天气条件下降湿效果

试验期间,晴天 22 d,阴天 8 d(晴,阴标准同前)。表 7-14 列出试验期间晴、阴天数的平均湿度值。

表 7-14　不同天气条件下的降湿效果

措施	晴		阴	
	绝对湿度/hPa	相对湿度/%	绝对湿度/hPa	相对湿度/%
膜下滴灌	16.1	76	13.2	89
对照	17.7	82	13.9	91
差值	−1.6	−6	−0.7	−2

晴天,绝对湿度,相对湿度分别降低 1.6 hPa 和 6%,阴天,分别降低 0.7 hPa 和 2%,晴天的降湿效果优于阴天。

3. 湿度的日变化比较

不同天气条件下膜下滴灌与对照(沟灌)之间的湿度日变化见图 7-13。

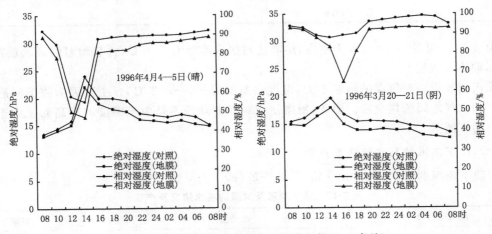

图 7-13　膜下滴灌与对照湿度日变化比较(1 m 高处)

由图我们得到:

(1)不论晴天、阴天,滴灌温室内绝对湿度、相对湿度都比对照(沟灌)的低。

(2)1996年4月4—5日(晴天),滴灌温室内相对湿度≥93%的时段为零,沟灌温室内为3 h。

(3)3月20—21日阴天,滴灌温室内相对湿度≥93%的时段为9 h,沟灌温室则达11 h。

(二)膜下滴灌对露时的影响

将93%作为结露的临界值,我们得到,对照平均开始结露时间为20:50,露干时间为07:52,露时为11时02分,滴灌平均开始结露时间为22:22,露干时间为07:31,平均露时为9小时09分,采用滴灌可使露时减少近2 h,且露时小于6 h频率比对照增多14%(见表7-15)。

表 7-15　膜下滴灌条件下相对湿度≥93%的频率

处理	持续时间/h				
	<3	3~6	6~9	9~12	>12
滴灌	10%	18%	28%	36%	8%
沟灌	4%	10%	28%	40%	18%

需要一提的是,郑海山提出93%作为大棚结露的临界值,是指1.5 m观测资料,并且种植黄瓜的情况下,而我们这里,相对湿度采用1 m高订正值,并且种植辣椒,所以以上结果仅供比较时参考。

(三)膜下滴灌对温度的影响

对土温的影响见表7-16。

表 7-16　膜下滴灌对土温的影响(℃)

深度	滴灌	沟灌(对照)	差值
地表	20.8	19.6	1.2
5 cm	19.2	17.7	1.5
10 cm	18.6	17.0	1.6
15 cm	18.4	16.9	1.5
20 cm	17.6	16.5	1.1

由表7-16可见,在20 cm土层内,滴灌比对照平均增温1.4 ℃,并且增温的最大层在5~15 cm,而不在表层。

采用滴灌设施对气温的影响不大,温度略有所降低(-0.2 ℃)。主要因为膜下滴灌影响了地面和空气之间的热交换。因此,覆盖使相对湿度降低不是由于温度的升高而是由于抑制了水汽的来源。

(四)膜下滴灌的耗水情况及产量

将膜下滴灌的浇水定额(m³·亩⁻¹)及产量(kg·亩⁻¹)列于表7-17。

表 7-17　膜下滴灌及沟灌的耗水情况及产量

	灌水定额/m³·亩⁻¹	比对照节水/%	总产量/kg·亩⁻¹	增加/%	日期
滴灌	59.56		2575		1996年3月9日
对照	125.89	52.7	1080	138	—8月20日

结果表明,滴灌具有明显的节水效果,并且与对照相比,获得了较高的产量。

三、小风量强制通风

1994 年 12 月,我们采用通风量为 60 m³·min⁻¹,功率为 220 W 的轴流风机对小风量强制通风进行了尝试,风量的确定,考虑了在冬季,为避免自然通风风量大,引起气温陡降,或者自然通风掌握不好、费劳力等,另外,考虑到外界气温低,既要降湿、补充 CO_2 和排除有害气体,又能够保温等诸多条件。设置了导风管,导风管安在室内屋脊下,为了使进入的冷空气缓慢均匀流出而不直接流经作物。

随季节的变化,采用了不同的方式进行强制通风:一是直接开启风机,由导风管送风;二是加风筒进行通风(加风筒后,可使风机风量减弱);三是关闭进风口,只由风机抽风,由温室的缝隙渗透进入少量空气。

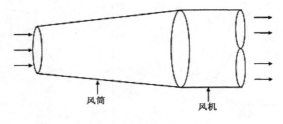

图 7-14　风机工作示意图

以下为试验结果。

(一)不同通风情况下的降湿效果

1. 间歇式直接开启风机

由图 7-15 可见,11:30—12:30 开风机,绝对湿度下降,12:30—13:00 关风机,绝对湿度上升,13:00—14:00 继续通风,绝对湿度又下降,关闭风机后,室内的绝对湿度上升后与对照趋

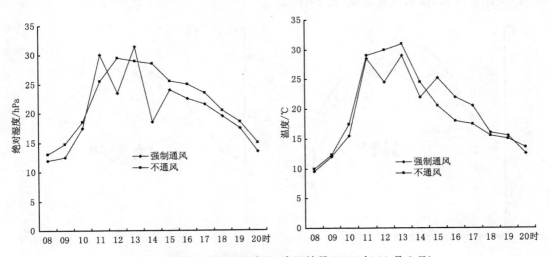

图 7-15　间断开启风机的降湿、降温效果(1994 年 12 月 2 日)

(晴天,活动面高度　11:30 开风机　12:30 关风机　13:00 开风机　14:00 关风机)

于一致,对照温室进行自然通风(0.08 m×30 m),绝对湿度呈平滑的日变化曲线。从图中还可发现打开风机后,温湿度都有明显下降。关闭风机后,温度亦可迅速回升,开风机 1 h 内,绝对湿度降低 11 hPa,温度降低 49 ℃,但仍维持在 20~25 ℃,该温度为黄瓜生长盛期白天所需的温度。白天所需温度为 25 ℃左右。

间歇式直接开启风机虽降湿效果明显,但降温幅度较大,所以在严冬时应慎用。

2. 加风筒通风(图 7-16)

加风筒通风后,降湿效果也明显,开风机 1 h 内,绝对湿度下降 6.5 hPa,温度下降 2.5 ℃左右,14:40 关风机后,绝对湿度呈白天下降趋势,并略低于对照温室。从试验看出,加风筒通风后降湿效果大于降温效果,但降温仍较明显。

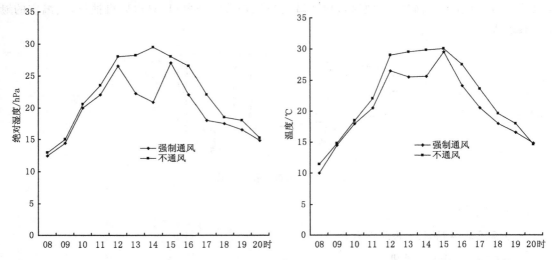

图 7-16　加风筒通风后,湿度、温度的变化(1994 年 12 月 13 日)

(11:45 开始通风,14:40 关风机)

3. 关闭进气窗,仅用风筒抽风(图 7-17)

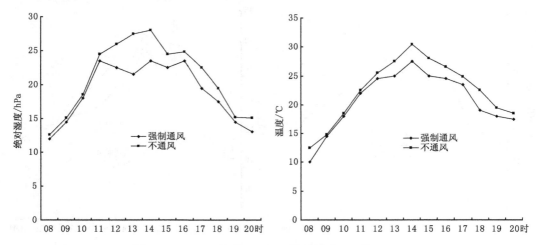

图 7-17　风机只抽风,湿度、温度的变化(12 月 17 日)

(11:35 开风机　16:00 关风机)

从图 7-17 看出,只由风筒抽风,降湿效果仍能令人满意。开风机 20 min 内,绝对湿度降低 4 hPa,且 30 分钟维持不变,之后,绝对湿度略有升高,基本的趋势是稳定不变的,16 时关风机后,绝对湿度呈白天下降趋势。温度的变化,在开风机 20 min 后,下降 1 ℃左右。温室温度能够满足黄瓜生长的需要。因此,用在冬季寒冷时期,每日气温较高时段,一定量的风筒抽风,可抽去室内的废气,有降湿的作用,但降温不多,这对改善蔬菜环境条件具有实际意义。

经对比分析,笔者认为,小风量强制通风可节约劳力、便于操作,但因在不同的季节,一日中不同的时间,风机应有不同的使用方法。就我们所使用的风机来讲,11 月左右,由于白天室内温度较高,可打开进气窗,去掉导风管,开启风机,降温,降湿,补充 CO_2。12 月初,外界温度较低可加上导风管,进行强制通风,均匀地向室内输送新鲜空气。开风机后 1 h 内,可使绝对湿度降低 11 hPa 左右,室内湿度降低,温度同时也降低,但可维持蔬菜所需的最适温度。12 月中旬以后,减少通风量,加风筒进行强制通风,开风机 1h 内,可使绝对湿度降低 6.5 hPa 左右,主要以降湿为目的,同时维持蔬菜所需的温度。随着外界越来越寒冷,可堵住进气窗,只抽风,通过空气缝隙的渗透,补充新鲜空气,用以降低湿度。开风机 20 分钟内,可使绝对湿度降低 4 hPa 左右。

在一日内,可在清晨揭苫后,加风筒只抽风,排除废气。白天,可根据外界温度决定加风筒或不加风筒由导风管送气。

（二）通风条件下室内风的状况

在不加风筒的情况下,聚乙烯导风管上的进风小孔周围,保持 $0.15\sim1.1$ m·s^{-1} 的风速,但室内活动面层基本无风,加风筒的情况下,进风小孔周围保持 $0.1\sim0.5$ m·s^{-1} 风速,室内活动面层无风。

（三）强制通风对露时的影响

由于采用了不同的强制通风的形式,露时的计算值变动较大,在进行强制通风所有日期内（1994 年 12 月 2—25 日）,处理温室内平均开始结露时间为 21:10,露干时间为 08:40,平均露时为 11 h 30 min。在对照温室内,平均开始结露时间为 20:15,露干时为 09:00,平均露时为 12 h 45 min,与对照相比,强制通风可以使结露时间推迟 55 min,提前 20 min 露干,平均露时减少 1 h 15 min。且露时大于 12 h 的频率比对照温室减少 28%,露时小于 6 h 频率比对照温室增加 5%。

表 7-18　强制通风对露时频率的影响

处理	持续时间/h				
	<3	3~6	6~9	9~12	>12
强制通风	0	5%	23%	43%	29%
对照	0	0	14%	29%	57%

（四）黄瓜发病情况

1994 年 11 月 28 日,试验温室去稻草,试验和对照温室同时浇水,并进行同样的管理。12 月 2 日开始进行强制通风试验,由于外界气温逐渐降低,通风量逐渐减少,各种病害时有发生。表 7-19 列出了强制通风期间所发生的病害、两温室内发病的病情指数以及可能引起发病的环境因子,以便对比分析发病原因及病情程度。

表 7-19　强制通风试验期间病害发生的情况及当时的环境条件

日期	病害	温室	病情指数/%	温度/℃ 夜间/白天	相对湿度/% 夜间/白天	露时/h
1994 年 12 月 1 日	炭疽病	处理	10.08	11.0/18.6	100/89	12.5
		对照	10.10	10.9/18.8	100/88	12.4
12 月 12 日	炭疽病	处理	8.4	10.0/20.4	95/80	11.8
		对照	17.5	10.3/20.8	97/86	12.2
12 月 22 日	霜霉病	处理	5.5	9.0/16.7	93/83	11.6
		对照	67.8	9.2/17.1	99/90	13.1
12 月 25 日	霜霉病	处理	7.8	10.4/17.5	92/79	11.0
		对照	100	10.5/17.8	99/89	13.7

12 月 1 日,由于浇水后湿度较大,加上温度条件适宜,两温室内有炭疽病发生(发生条件:温度:10～30 ℃,相对湿度 95% 以上)。两温室环境条件相似:因而病情指数差异不大,采用喷药控制了病情。12 月 2 日开始进行强制通风试验,两温室的温度略有差异,但主要差异表现在湿度和露时上,因而两温室发病程度的大小,主要是由湿度差异引起,尤其是霜霉病,还和露时长短有关。12 月底,由于通风不畅,湿度较高,加上露时较长,使得对照温室霜霉病普遍发生,还由于废气排不出,导致对照温室黄瓜全部死亡,而处理温室黄瓜依然生长良好。这说明,除温度之外,湿度的大小也是影响日光温室蔬菜正常生长的关键性环境因子之一。从产量的高低上也能说明这一点:后期强制通风试验温室内的产量为 2012.6 kg·亩⁻¹,而对照温室的产量仅为 1011.2 kg·亩⁻¹。

四、综合评价

覆盖、膜下滴灌及强制通风都可以起到降湿、减少露时、防治病害的作用,覆盖及膜下滴灌还能使地温提高并对气温的影响不大,强制通风虽能使气温有所降低,但若能依据季节、天气和作物生长状况掌握适当,使通风后的温度仍能满足蔬菜的正常生长也是可能的。三类除湿技术的最终结果都提高了产量。综合评价见表 7-20。

表 7-20　各种除湿措施的综合评价

处理	除湿效果	发病情况	降低露时效果	对土温影响	对气温影响	增产	投入(0.27 亩)
地膜覆盖	**	*	**	***	0		30 元
稻草覆盖	*	*	*	*	0	5%	10 元
膜下滴灌	***		***	**	0	138%	硬管 360 元左右 软管 130 元左右
强制通分	***	*	*		*	99%	900 元

注:1. 与对照相比,相对湿度均值降低数值,≥5%,记为" *** ";相对湿度均值降低数值,≥4.5%,记为" ** ";相对湿度均值降低数值,≥4%,记为" * "。数据采用秋冬季结果,若消除季节差异,我们认为膜下滴灌降湿效果应记为" *** "。

2. 有防病效果记为" * ",无防病效果记为" — ";膜下滴灌试验期,由于用新建温室第一次种植,无病情发生。

3. 与对照相比,露时减少数值≥1 h 50 min,记为" *** ";露时减少数值≥1 小时 30 分,记为" ** ";露时减少数值≥1 h 10 min,记为" * "。

4. 土壤温度增加值≥1.5 记为" *** ";土壤温度增加值≥1.0 记为" ** ";土壤温度增加值≥0.5 记为" * "。

5. 处理措施对气温影响不大,记为"0";处理措施对气温有影响,记为" * "。

6. 地膜覆盖期间,黄瓜为生育前期,因而无产量。

五、结论

1. 日光温室中,就我们所实施的各种除湿措施相比,春季,除湿效果最好的为膜下滴灌,绝对湿度、相对湿度分别比对照(沟灌)降低 1.25 hPa 和 3%,其次为地膜覆盖,分别降低 1.2 hPa 和 2.8%,再次为稻草覆盖,分别降低 1.1 hPa 和 2.3%,秋季,地膜覆盖下,绝对湿度、相对湿度比对照分别降低 1.9 hPa 和 4.7%,稻草覆盖分别降低 1.5 hPa 和 4%。消除季节的差别,我们认为,降湿效果最好的为膜下滴灌,其次为地膜覆盖,再次为稻草覆盖。强制通风也能起到很好的降湿效果。要根据当地的各气象条件,并且明确通风达到的目的,选择合适通风量的风机。在不同的季节或一日内不同的时间内,根据作物的需求,选择不同的强制通风方式。

2. 覆盖、膜下滴灌及强制通风都可以起到减少露时的作用,而露时的减少对减轻病害或防治病害有很好的效果,在各种降湿措施实施期内,地膜覆盖可使露时平均减 1 h 38 min,稻草覆盖平均减少 1 h 17 min,滴灌可使露时减少 1 h 53 min,强制通风可使露时平均减少 1 h 15 min。

3. 日光温室内是一种高湿的环境,我们利用温室内地面热平衡公式,确定了通风次数,进而导出了温室空气湿度的计算模式,利用此模式,可以预报露时,预报室内湿度的变化,为减少病害,为使棚内的湿度与蔬菜需求相适应,必须对湿度进行调控(湿度的调控在日光温室中主要指降湿)。因此可以根据降湿效果及经济条件,选择相应的降湿措施。

4. 综合考虑各降湿措施的效果,笔者认为,首选的应为膜下滴灌,因为,此措施不仅降湿效果好,而且节约用水,但必须大面积推广。地膜覆盖和稻草覆盖既经济又简便,也是较好的降湿措施。强制通风操作方便,在不同的季节可以控制不同的风量,是很好的排除废气,降低湿度的方法,但必须掌握适当,不使室温降幅过大,不影响蔬菜正常生长,不足之处是造价较高。所以,在运用各方法进行温室除湿时,应根据经济条件,选择相应的除湿措施。

六、生产建议

1. 在建立温室内空气湿度模式时:由于净辐射的实测资料不全,所以净辐射资料以计算为主,参考实测加以修正,如果以实测获得,效果会更好;揭膜(扒缝)通风时,通风次数采用了各时段的平均值;将白天内壁面凝结量视为零,实际白天有一定的水汽凝结。所以造成模型的计算误差(计算值略高于实测值)。

2. 模式是以小气候资料为基础建立的,如果研究温室内小气候条件与气象站大气候条件之间的关系,以气象站资料建立湿度模式,那么就可以根据大气候资料确定温室内空气湿度的大小是否为蔬菜所需,是否有利于病害的发生,并且是否达到夜间结露的临界值,从而可以决定通风时间、通风时段来调控湿度,提醒人们病害的发生。

3. 在运用稻草覆盖降湿时,为了确保下一项试验正确进行,采用了整株稻草覆盖以便容易清理,所以建议在无特殊需求时,稻草应切成一定长度的草段,这既保持了温室的整洁,又对秸秆还田提供了良好的前提条件。

4. 各种措施都有一定的降湿效果,却都有一定的机理:覆盖抑制蒸发,通风排除湿气,滴灌减少水分来源,如果综合运用效果会更好。

第八章　中国日光温室气候区划

第一节　日光温室能耗分析及一级区划

一、研究方法和步骤

（一）研究方法：数理统计方法（分析气象资料），指标检验筛选法、主成分分析法（分区指标的独立性筛选及综合），主导指标法（进行一级分区及二级初始分区），逐步判别分析法（初始分区效果的检验以及部分地区的判别归类，进一步完善分区方案），指数检验法（聚类效果的数学检验），其他区划方法（类型划分法、利用专家经验补充、完善分区方案等）。

（二）研究步骤：（分区过程流程图见附录3）

1. 进行调查研究（生产实践调查及查阅资料、访问专家等）。

（1）农业的气候评价：主要是分析评价日光温室内蔬菜生长对于气候及其各要素的要求，以确定生物气候指标（包括临界指标和适宜指标）。

（2）气候的农业评价：主要是分析哪些气候条件对于日光温室发展有利，哪些气候条件对于日光温室发展不利，其程度如何。鉴定与蔬菜生长发育和产量形成最密切的气候资源，以确定农业气候指标。

2. 找出具体问题。分析找出目前日光温室生产中具体存在着哪些问题，如温室的结构问题、灾害性天气问题、温室的保温加温问题等，以便能根据这些问题进行更加有针对性的分析，做出更加全面合理的区划。

3. 搜集有关资料，同时对有关资料进行分析及统计处理。这些资料主要包括：温室冬春生产中主要蔬菜的生物学特性资料；区划区域内各主要台站30年的气象资料；查阅各地温室蔬菜生产的现状及现存的农业气候问题资料；节能型日光温室的结构和性能资料；温室热环境的预测方法资料等。

4. 根据节能型日光温室的结构性能资料、温室热环境的预测方法资料以及各分区的其他有关资料，并结合对于各地灾害性天气的了解，对各加温区进行简要的能耗分析。

5. 区划指标的选择。遵循一定的区划指标选择原则，根据日光温室中蔬菜生产对于气候的要求，综合考虑生物学指标和农业气候指标，首先列出一些可能的影响因子作为待定的区划指标，然后分别对待定指标进行如下处理：

（1）指标的变异性检验；

（2）指标的独立性检验；

（3）指标的代表性与可操作性分析；

（4）指标的概括力与客观性分析。

通过以上的分析检验,就可从原来提出的若干区划指标中筛选出具有代表性、相对独立性且地域分异明显的变量作为区划指标进行进一步的分析综合,然后利用主成分分析法将这些筛选后所得的多个指标化为少数几个概括力较强的综合指标,作为二级区划的指标。从而达到既减少了区划指标的数目,又抓住了主要矛盾的目的,同时也在一定程度上避免了由于主观确定区划指标所带来的可能区划误差。

分区中,一级区划主要采用主导指标法,选用能耗大小为一级区划指标。二级区划指标主要采用反映并决定生产中不同管理利用方向的综合指标,即:通过以上各项检验筛选和主成分分析后所得到的综合指标。三级区主要是在二级区划分的基础上,根据各区内离差较大的主要指标变量对分区进行进一步的细分。

6. 根据区划指标体系,选择科学、合理的分区方法(首先尝试使用多种分区方法,最后筛选出最优方法——主导指标法与逐步判别分析方法)对区划范围进行初步分区,在初步分区的基础之上,利用逐步判别分析对初始分区的分区效果进行检验、并就未归类地区进行进一步的判别归类,同时选择典型地区进行实地考察验证,最后阐明区划等级系统。

7. 对各区划单位进行分区评述。分区评述主要包括:该区的主要农业气候特点及其对温室生产的适宜程度;当地存在的主要农业气候问题;是否需要备有临时辅助加温设备,并就加温区域的能耗量进行简要分析;简要分析各分区日光温室发展前景,同时就该区的温室生产发展提出一些合理化建议。

二、能耗分析与一级区划分的必要性

我们知道,节能型日光温室有别于传统温室的一个最显著的特点就是光能利用率高,从而减少了温室的加温负荷,大大提高了温室的经济效益。然而,由于近几年来,许多地区的日光温室多是在经济效益的刺激下盲目上马的,而对本地区温室生产的气候适宜性缺乏必要的分析。

同时,国家对于这些地区温室生产的指导也存在着某些方面的欠缺,不少地区主要是照搬外地较成熟的棚室结构及配套技术,完全没有考虑到当地的气候特点,还有一些经验不足又缺乏技术指导的农户完全是凭自己的构想来建造温室,温室的方位、规模、结构都很不标准,经过生产实践,相当一部分因能耗过大而使效益不高或在冬春季相当一段时间不能进行果菜甚至叶菜生产。

针对上述问题,本章在假设各地均采用了适合本地区的最佳温室结构参数的基础之上,对各区的能源消耗进行了简要分析,并利用各地区能耗大小作为一级区划指标对区划范围进行气候风险分区的一级区划分,以求能对各地区的温室生产有所帮助。

三、理论与方法

(一)计算能耗时各地温室最佳结构参数的确定

1. 脊高、跨度、后屋面投影长度、温室长度的确定

据张真和、李建伟(1996)的研究,得出我国不同纬度第二代节能型日光温室的各设计参数,见表8-1。

对于温室长度,温室东西长度过短会造成遮阴严重,过长则不利于保温,通常的日光温室长度为 50~60 m。

表 8-1　不同纬度第二代节能型日光温室设计参数表　　　单位:m

纬度(°N)	32	33	34	35	36	37	38	39	40	41	42	43
脊高 H	3.0	3.0	3.1	3.1	3.1	3.1	3.0	3.1	3.1	3.1	3.1	3.1
跨度 $L_{跨}$	7.0	7.0	7.0	6.6	6.5	6.4	6.0	6.0	6.0	5.8	5.7	5.5
后屋面投影长 $L_{投影}$	1.0	1.2	1.2	1.2	1.2	1.3	1.3	1.3	1.5	1.5	1.5	1.5

2. 后屋面长度、后屋面仰角、后墙高、采光面长度的计算

后屋面仰角及后屋面长度的确定:据张真和等(1995)的研究,为保证在光照较弱的冬季,温室内后墙及后屋面仍能吸收、贮存较多的热量,后屋面的仰角最好大于冬至日太阳高度角 7°~8°(本例中取其中值 7.5°)。这样使后屋面在 11 月上旬(立冬)—次年 2 月上旬(立春)中午前后仍能接受到直射光。因此,本节计算时采取的各地后屋面最佳仰角为:

$$\alpha = 各地冬至日正午太阳高度角 \ H_0 + 7.5 \tag{8-1}$$

各纬度冬至日正午太阳高度角(H_0)及对应最佳后屋面仰角(α)见表 8-2。

表 8-2　各纬度冬至日正午太阳高度角及对应最佳后屋面仰角　　　单位:°

纬度(°N)	32	33	34	35	36	37	38	39	40	41	42	43
H_0	34.5	33.5	32.5	31.5	30.5	29.5	28.5	27.5	26.5	25.5	24.5	23.5
α	42	41	40	39	38	37	36	35	34	33	32	31

由于后屋面投影长度 $L_{投影}$ 及后屋面仰角 α 已知,则后屋面长度 $L_{后屋面}$ 即可利用以下公式进行计算:

$$L_{后屋面} = L_{投影}/\cos\alpha \tag{8-2}$$

后墙高度($H_{后墙}$)可采用脊高 H 减去后墙顶部与温室脊部的垂直距离 H_1 获得。

$$H_{后墙} = H - H_1 \tag{8-3}$$

式中,$H_1 = L_{投影} \times \tan\alpha$,脊高 H 可由表 8-1 中查到。

表 8-3　各纬度后墙高度计算结果　　　单位:m

纬度(°N)	32	33	34	35	36	37	38	39	40	41	42	43
后墙高度	2.10	1.96	2.09	2.13	2.16	2.12	2.06	2.19	2.09	2.13	2.16	2.20

据陈端生(1994)比较四种宽度、脊高一致的前屋面形状(一坡一立式、三折式、圆弧形、椭圆形)得出:四种屋面形状中以圆弧形采光效果较好。因此,本章计算时采用的前屋面形状确定为圆弧形。

设温室中脊高为 H,内跨线上中脊垂点至南沿底脚的距离为 L,坐标原点设在 H 与 L 交点 O 上,H 设为 Y 轴,L 设为 X 轴,如图 8-1 所示,则其圆面方程为:

$$X^2 + (Y+R-H)^2 = R^2 \quad 其中,R = (H^2 + L^2)/(2H) \tag{8-4}$$

$$AO = L \quad BO = H \quad BE = H_1 \quad \angle BDE = \alpha$$

由于 $L = L_{跨} - L_{投影}$,H 脊高已知,故根据(8-4)式,圆弧所在圆的半径 R 可求得,此外,圆弧所对应的弦长 $L_{弦}$ 亦可根据 $\triangle ABO$ 求得,在 $\triangle ABC$ 中,三边边长已知,故两半径 R 之间的夹角(即圆心角)D 即可求出,利用 $\beta/2\pi \times 2\pi R = \beta \times R$ 即可求出弧长。

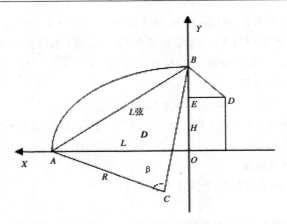

图 8-1　计算示意图

表 8-4　各纬度前屋面透明覆盖材料宽度计算结果　　　　单位:m

纬度(°N)	32	33	34	35	36	37	38	39	40	41	42	43
弧长	6.95	6.78	6.85	6.52	6.44	6.28	5.89	5.96	5.81	5.66	5.59	5.45

(二)优化节能型日光温室加温负荷量的计算

将整个温室看成一个系统,考虑温室的热平衡,则其热收支状况为:

$$(Q_r + Q_j + Q_d + Q_h) - (Q_1 + Q_2 + Q_3 + Q_f + Q_p) = 0 \qquad (8\text{-}5)$$

式中,Q_r 为到达室内地面的太阳辐射热量;Q_j 为温室加温热负荷;Q_d 为设备、灯具等放出的热量;Q_h 为作物、土壤等呼吸放热量;Q_1 为通过温室围护结构表面散失的热量;Q_2 为从缝隙散失的热量;Q_3 为由温室内土壤横向传导散失到温室外的热量;Q_f 为温室长波辐射热量;Q_p 为植物光合作用需热。

一般情况下,植物呼吸放热 Q_h 与植物光合作用吸热 Q_p 以及设备、灯具放热量 Q_d 等其数值是很小的,可忽略不计,同时为方便和简化起见,往往把热平衡公式中的温室长波辐射量 Q_f 也包括在传热损失内,故(8-5)式可简化为:

$$(Q_r + Q_j) - (Q_1 + Q_2 + Q_3) = 0 \qquad (8\text{-}6)$$

由(8-6)式得:

$$Q_j = Q_1 + Q_2 + Q_3 - Q_r \qquad (8\text{-}7)$$

1. 温室传热量的计算

$$Q_1 = Q_{前屋面} + Q_{山墙} + Q_{后墙} + Q_{后屋面} \qquad (8\text{-}8)$$

式中,前屋面、后屋面、山墙、后墙的传热量均可利用(8-9)式计算得出,

$$Q_i = U_i \times S_i \times (T_内 - T_外) \times a \qquad (8\text{-}9)$$

式中,Q_i 分别为前屋面、后屋面、山墙、后墙的传热量(J);U_i 分别为前屋面、后屋面、山墙、后墙的传热系数(W·m^{-2}·℃$^{-1}$);S_i 分别为前屋面、后屋面、山墙、后墙的散热面积(m^2);$T_内$ 为温室内气温(℃);$T_外$ 为温室外部气温(℃);a 为温室前屋面覆盖保温措施时的热节省率,覆盖一层草苫时,热节省率可视为 0.6,后屋面及墙体可视为 1。

2. 温室缝隙散热量的计算

根据内岛善兵卫(1979)研究,温室缝隙放热量可由下式获得:

$$Q_2 = Kv^* \times (S_前 + S_后 + S_{山墙} + S_{后墙}) \times (T_内 - T_外) \qquad (8\text{-}10)$$

式中,Q_2 为温室缝隙散热量(J);Kv^* 为温室换气传热系数(单层薄膜温室 Kv^* 值为 $0.116 \sim 0.233$ W · m^{-2} · ℃$^{-1}$),取其平均值 0.174 W · m^{-2} · ℃$^{-1}$)。

3. 温室地面散热量的计算

$$Q_3 = \sum K \times S_地 \times (T_气 - T_地) \qquad (8\text{-}11)$$

式中,K 为各地段的地面传热系数(W · m^{-2} · ℃$^{-1}$);$S_地$ 为各地段面积(m^2);$T_气$ 为室内气温(℃)。

4. 进入温室的太阳辐射量计算

进入温室的太阳辐射量可按照下式进行计算:

$$Q_r = \tau \times I \times S \qquad (8\text{-}12)$$

式中,τ 为温室透光覆盖材料对太阳辐射的透光率;S 为温室地面面积(m^2);I 为外界水平面上的太阳辐射强度(J · m^{-2})。

5. 耗煤量的计算

$$G = Q_j / c \cdot d \cdot f / 1000 \qquad (8\text{-}13)$$

式中,G 为耗煤量(t);Q_j 为采暖加热量(J);c 为每千克煤的发热量(kJ · kg^{-1});d 为煤的燃烧效率;f 为加热设备的热效率。

6. 计算过程中的几点假定

在计算过程中,为方便计算,本节对部分参数做了必要的假定。在假定中采用的多为生产实践中常见的建筑材料及覆盖材料的相关参数,具有较为广泛的代表性。若某地区在生产实践中采用的各材料的热工参数与本节假定相近,则本节的计算结果仍然适用。否则,须根据该地区的温室特点,参考本节的计算方法,重新确定以下各参数。

(1)温室前屋面覆盖的透明覆盖材料采用的是透光率衰减较慢的聚乙烯复合多功能棚膜,其厚度为 0.1 mm,夜间温室前屋面外覆盖物为一层草苫。

(2)温室的墙体采用的是外 1.5 砖墙,一面沫灰(38 cm)、内 1 砖墙内表面扶灰 2 cm(厚 26 cm),中空 12 cm,内填充珍珠岩散料。

(3)后屋面的结构为:檩木上先铺整捆玉米秸作房箔,上面分两次扶 5 cm 厚的草泥,泥上铺 10 cm 厚的稻壳、高粱壳等和 30 cm 厚的玉米皮、脱粒后的高粱穗等,压紧后再盖一层整捆玉米秸。以上诸材料在农村十分容易获得,且成本低。

(4)为保证冬季日光温室内果菜亦能够正常生长,温室内设定日平均温度为 15 ℃。即 $T_内 = 15$ ℃。

(5)将整个温室视为一个系统,由于土壤垂直传导的热量只是暂时贮存在地面以下的土层中,到夜间,其仍释放出来用以增加室内气温,故土壤垂直传导的热量不计在温室热支出之内。此外,当温室内采取地面隔热措施(如挖防寒沟、使温室床面低于外界地面一定高度等)使得室内外地中横向热传导占总散热量的比例很小,此时假设温室内地面散热量 Q_3 为零。

(6)对于温室前屋面的透光率,由于日光温室结构的遮阴、透明覆盖材料本身对光线的吸收以及覆盖材料的老化、尘埃污染、水滴附着等原因使得透光率下降,其透光率一般在 $50\% \sim 80\%$,在本节的计算中,温室透光率取其范围中值,即 65%。

(7)计算耗煤量时,采用发热量为 1433 kJ · kg^{-1}(6000 kcal · kg^{-1})、燃烧效率 60% 的烟煤进行计算,加热设备的热效率为 85%。

(8)计算散热面积时，温室长度取 50～60 m 的中值，即 55 m。

四、结果与分析

(一)各纬度温室散热面积计算结果

表 8-5　各纬度温室散热面积　单位：m^2

纬度(°N)	32	33	34	35	36	37	38	39	40	41	42	43
前屋面面积	382.5	373.2	376.6	358.5	354.0	345.2	323.8	327.9	319.6	311.4	307.4	299.5
后屋面面积	74.0	87.5	86.2	85.0	83.8	89.5	88.4	87.3	99.5	98.3	97.3	96.2
后墙面积	115.5	107.6	115.1	117.1	118.9	116.6	113.1	120.4	114.9	116.9	118.9	120.9
山墙总面积	29.4	27.4	29.3	28.0	28.1	27.1	24.7	26.3	25.0	24.7	24.6	24.2
总散热面积	601.4	595.7	607.2	588.6	584.8	578.4	550.0	561.9	559.0	551.3	548.2	540.8

(二)各散热面传热系数计算结果

表 8-6　本例中温室围护结构传热系数计算结果

围护结构名称	传热系数/$W \cdot m^{-2} \cdot ℃^{-1}$
前屋面	6.74
后屋面	1.07
山墙与后墙	0.26

(三)我国部分地区耗煤量计算结果及分析

根据(8-5)～(8-13)式以及表 8-5、表 8-6 的计算结果，计算我国部分地区冬、春季节(11 月初—次年 3 月末)为维持果菜正常生长所需的采暖负荷，其计算结果如表 8-7 所示。

表 8-7　我国部分地区节能型日光温室冬春生产耗煤量计算结果

地区	纬度(N)	冬季平均气温/℃	冬季平均最低气温/℃	冬季总辐射量/$\times 10^8 J \cdot m^{-2}$	耗煤量/t
山西右玉	40°00″	−9.2	−16.3	17.709186	10.30
河北围场	41°56″	−8.1	−13.9	15.067991	17.01
辽宁抚顺	41°54″	−5.7	−13.6	13.126755	21.23
河北蔚县	39°50″	−6.5	−13.6	17.234663	4.10
辽宁沈阳	41°46″	−7.3	−12.5	12.811852	17.59
山西大同	40°06″	−5.9	−12.2	16.801331	3.83
辽宁彰武	42°25″	−6.6	−12.0	14.555454	14.34
河北丰宁	41°12″	−6.7	−11.6	15.496581	11.15
辽宁阜新	42°02″	−6.0	−11.4	14.422668	13.03
辽宁朝阳	41°33″	−5.0	−10.9	14.242365	10.70
辽宁建平	41°23″	−5.2	−10.9	14.917268	8.72
辽宁鞍山	41°05″	−4.3	−10.6	12.789534	13.30
河北张家口	40°47″	−4.8	−10.4	15.633828	5.13
辽宁锦州	41°08″	−3.6	−9.0	14.011128	7.12
辽宁丹东	40°03″	−3.0	−8.5	15.371269	0.27
河北怀来	40°24″	−3.5	−8.5	17.446130	0.00

地区	纬度(N)	冬季平均 气温/℃	冬季平均 最低气温/℃	冬季总辐射量 /×10⁸J·m⁻²	耗煤量 /t
山西原平	38°45″	−3.4	−8.1	17.949315	0.00
河北遵化	40°12″	−2.0	−6.6	16.326585	0.00
辽宁大连	38°54″	−0.3	−5.6	16.434876	0.00
北京	39°48″	−0.2	−4.5	17.330791	0.00
河北乐亭	39°25″	−1.6	−4.1	15.282917	0.00

从表 8-7 我们可以看出：

（1）各地节能型日光温室在进行冬春果菜生产时，其是否需要人工加温，首先取决于室外气温。当室外冬季平均最低气温低于−8.5 ℃左右时，一般须进行人工加温。

（2）在须人工加温的地区，所需煤耗与各地区冬季平均气温以及冬季总辐射量均存在着一定的相关关系，但从各地区冬季平均气温、冬季总辐射量与耗煤量的分别及综合比较分析来看，当外界温度较低时，耗煤量与冬季总辐射量的相关关系要比耗煤量与各地区冬季平均气温的相关关系密切，对于冬季平均气温相差不大的地区来说，则某地区冬季总辐射量越大，其耗煤量越少；即使冬季平均气温有较大的差别（如河北蔚县与辽宁鞍山），冬季平均气温低的地区的耗煤量也可能比冬季平均气温高的地区耗煤少，其原因主要是前者的冬季总辐射量远大于后者，这一点与有些学者的研究结果是一致的。因此，能够充分地利用光能是节能型日光温室优于加温温室及传统日光温室的一个十分重要的方面，这也是日光温室之所谓"日光"温室并且受到广大菜农欢迎的原因之一。它使得冬季在温度较低的高纬度地区选择光照条件较好的地区建造温室进行生产仍会获得较好的经济效益。这对解决我国高纬度地区冬春露地蔬菜生产淡季时的鲜菜供应具有十分重要的意义。选择光照条件较好、辐射量大的地区建造日光温室是减少能源消耗、提高农民生产收益的一个重要手段。

从表 8-7 我们还可以看出，除山区所在的部分地区外（如山西右玉、大同，河北蔚县等），北纬 40°可以看作是节能型日光温室冬春进行果菜生产须加温与不加温的分界线。但对于北纬40°以北附近的特殊地区，若其光照条件极佳加之冬春温室保温措施良好，亦可达到不加温生产果菜。而对于北纬 40°以南的部分地区，由于地势以及微地貌等条件的影响使得温室外部气温较低，其耗煤量亦可能大于 0。但总的来说，北纬 40°可以被看作为我国东部季风区节能型日光温室冬春进行果菜生产需加温与否的一大气候界线。据此，我们利用该界线将我国东部划分为两大部分：加温区与非加温区（节能区），作为我国节能型日光温室冬春蔬菜生产气候风险分区的一级区。

第二节　二级区划指标的选择及划分

一、指标的初选

（一）区划指标的主要选择原则

1. 区划指标应具有生物学基础、具有明确的农业意义。

2. 便于普遍应用。

3. 区划指标应具有鲜明的分辨力,即选择时空分布明显的要素。

4. 区划指标应具有相对独立性和不可替代性,即尽量避免过多地列入一些相关密切的指标。

5. 区划指标应具有代表性,即选择的区划指标应既能够反映气候特征又能够反映温室生产的要求。

6. 区划指标应具有数据可比性和可操作性,即应选择在时间序列中具有周期性变化规律并具数据可比性的变量作为区划指标,同时指标的数据应容易或能够获得。

7. 指标应具有高度的概括力,应尽可能地以较少的指标反映各地区保护地利用的气候风险差异。

8. 客观性原则。客观性主要包括以下两层含义:

①说明指标的各项数据必须具备可靠的来源和出处;

②在数据的处理与分析过程中应尽量避免主观成分的掺入。

(二)原始指标集

在保护地蔬菜生产中,温度、光照、水分(空气湿度、土壤水分等)、气体(二氧化碳的浓度、有害气体的浓度)、肥料等因素共同组成了蔬菜生长发育所必不可少的光、温、水、气、肥五大环境要素。但由于在设施内,因水分、气体、肥料等因子在生产实践中出现的问题我们通常可以通过采用适度通风、少量加温、合理施肥等方法就可以得到较好的解决,而且这几类因子的地域差异较小,无明显的地域分布规律;而温度因子与光照因子则不仅对蔬菜生长起着关键性的影响,且地域差异较大,人工难以在保证经济效益的条件下对其进行大规模的改造,因此保护地分区的气候指标我们主要采用温度与光照的相关指标(表 8-8)。

表 8-8　保护地分区的气候指标

序号	指标名称	序号	指标名称
1	极端最低气温	12	1月平均日照百分率
2	小于−10 ℃的持续日数	13	全年低云量>80%的总阴天数
3	负积温	14	冬季低云量>80%的总阴天数
4	负积温的发生频数	15	1月低云量>80%的总阴天数
5	年平均气温	16	冬季低云量>80%阴天数占全年的百分比
6	冬季平均气温	17	冬季总云量>80%的总阴天数
7	1月平均气温	18	1月总云量>80%的总阴天数
8	冬季日照时数	19	冬季总云量>80%的阴天数占全年的百分比
9	1月份日照时数	20	冬季总辐射量
10	年平均日照百分率	21	1月总辐射量
11	冬季平均日照百分率		

二、分区指标的筛选

我们在选择分区指标体系时,为充分获取各方面的信息,往往选择的分区指标系统过于复杂、庞大,其中可能不乏空间差异较小、地域分异不明显的因子以及指标间具有高度的相关性、相互之间可以替代的指标或我们在指标设计中想到了某种指标而在实际操作中该种指标的准确数据又很难获得,这些都为进一步的分区带来障碍。因此,有必要对原始指标体系在实际操作过程中进行筛选、更新乃至重建。

(一)指标的空间分辨力筛选

所谓气候区划,其实质就是根据蔬菜生长对于气候的要求,遵循气候分布的地带性规律和非地带性规律,将气候条件相同的地区归并在一起,将气候条件不同的地区区别开来,为因地制宜地利用各地的气候资源提供科学的依据。因此,地域分异明显的指标对于区域的划分将具有更为鲜明的分辨率,区划应选择地域差异较为明显的因子。经过初选的因子,其中可能包含着对日光温室蔬菜生产虽具有明显的气候意义和生物学意义,但地域分异却很小的因子,这些因子虽对日光温室蔬菜生产影响较大,但对保护地气候区的划分却无太大的意义,相反,它们的加入还可能干扰最终综合指标意义的清晰性,从而影响分区效果。因此,有必要对原始指标进行空间分辨力筛选。本节主要采用计算各因子区域相对差异系数(C_i)的方法来区分指标空间分辨力的强弱:

$$C_i = S_i / |\overline{X_i}| \tag{8-14}$$

式中,$S_i = \sqrt{(\sum(X_{ij} - \overline{X_i})^2)/(n-1)}$;$C_i$ 为因子区域相对差异系数;n 为站点数。

根据公式(8-14),利用 1951—1980 年 30 年辽宁、北京、天津、河北、山东、山西、河南、安徽、江苏 7 省 2 市的 79 个站点的数据对原始的 21 个指标进行空间分辨力分析,得到以下分析结果(表 8-9)。

表 8-9　原始指标分辨力分析结果

指标代码	指标名称	区域相对差异系数
1	极端最低气温	0.1052
2	小于 −10 ℃的持续日数	1.2371
3	负积温	0.5802
4	负积温的发生频数	0.6394
5	年平均气温	0.3205
6	冬季平均气温	0.7288
7	1 月平均气温	0.1315
8	冬季日照时数	0.5925
9	1 月份日照时数	0.6336
10	年平均日照百分率	0.6032
11	冬季平均日照百分率	0.4864
12	1 月平均日照百分率	0.4863
13	全年低云量>80%的总阴天数	0.6218
14	冬季低云量>80%的总阴天数	0.6466
15	1 月低云量>80%的总阴天数	0.6978
16	冬季低云量>80%阴天数占全年的百分比	0.6800
17	冬季总云量>80%的总阴天数	0.6439
18	1 月总云量>80%的总阴天数	0.6854
19	冬季总云量>80%的阴天数占全年的百分比	0.7166
20	冬季总辐射量	0.5586
21	1 月总辐射量	0.6415

　　经过以上的指标空间分辨力分析,我们可以看出,指标1(极端最低气温)和指标7(1月平均气温)这两个因子的区域相对差异系数均小于0.3,筛掉区域相对差异系数小于0.3的这两个因子,选择以下19个因子作为初步筛选结果(表8-10)。

表8-10　因子初步筛选结果

序号	指标名称	序号	指标名称
1	小于−10 ℃的持续日数	11	全年低云量＞80％的总阴天数
2	负积温	12	冬季低云量＞80％的总阴天数
3	负积温的发生频数	13	1月低云量＞80％的总阴天数
4	年平均气温	14	冬季低云量＞80％的阴天数占全年的百分比
5	冬季平均气温	15	冬季总云量＞80％的总阴天数
6	冬季日照时数	16	1月总云量＞80％的总阴天数
7	1月日照时数	17	冬季总云量＞80％的阴天数占全年的百分比
8	年平均日照百分率	18	冬季总辐射量
9	冬季平均日照百分率	19	1月总辐射量
10	1月平均日照百分率		

（二）原始指标的独立性筛选

　　根据指标选择的相互独立性原则和不可替代性原则,在指标的选择过程中,我们在考虑指标全面性的基础之上应尽量避免过多地选入一些相关密切的指标。多个指标的信息重复不但不利于分区,而且还可能使分区综合指标的意义解释困难,增加了分区的复杂性,且大大增加了分区过程中的计算工作量,故对于原始指标间的独立性进行分析十分必要。对于原始指标的独立性分析通常采用计算各指标间相关系数的方法。通过相关系数的计算并以以往的经验为基础,同时考虑指标间的平衡,对两两相关程度较高的指标进行取舍,最后在保证指标全面性的基础之上选择彼此相关程度较小的指标进行进一步的分析。

　　由于本节进行指标综合分析时采用的方法为主成分分析法,该方法在指标综合过程中,伴随着对原始指标所做的数学变换可以将原始相关指标转化成彼此独立的主成分,能够自动消除因相关造成的信息重复所带来的影响,因此,本节对指标间的独立性不做单独分析。

（三）指标的代表性与可操作性分析

　　通过保护地内蔬菜生长与各主要气象因子的关系分析以及各气候因子的地域差异分析,我们可以看出,各原始指标在地域差异上具有较好的规律性,能够较好地、较为全面地反映各地区的气候特征和各地区保护地的主要环境特征,且各因子的变化与保护地内的蔬菜生长关系密切,具有较好的分区代表性。

　　此外,由于本节选择的指标均为常规气候指标,各指标在时间序列中均具有较好的相对稳定性,且各指标的数据通过气象部门均较容易获得,具有较好的数据同期可比性和可操作性。

（四）指标的概括力与客观性分析

　　指标的概括力与客观性主要反映在下面的因子综合分析中。为了达到简化指标数目、减少工作量的目的,本节在对指标进行了初步筛选的基础上,采用主成分分析法对指标进行了进一步的综合。主成分分析法最突出的优点就是可将多个指标化为少数几个既相互独立又能够尽可能多地反映原有指标大部分信息（根据具体需要而定，一般≥85％）的综合性指标，从而使得分析工作大大简化，具有较强的概括性。且利用主成分分析方法进行指标综合时，主成分与其代表的原始指标的相互关系权数是随数学变换产生的，与人为确定权数相比，不仅减少了工作量，而且不带有人的主观任意性，比较客观、科学，从而提高了最终分区结果的可靠性。如果本节中未采用主成分分析法，其指标的概括力及其客观性则需进行单独、慎重的分析。

三、指标综合的方法与结果分析

利用多指标进行分区时，就其中的单个指标而言，指标取值间有差异，但不一定十分明显，这样就使得单独仅用一个指标难以区分个体，如果把每个个体的特征指标所提供的大大小小的差异都集中起来，形成少数几个综合指标，那么就可以既减少指标个数，又可增加个体的差异性，以达到区分个体的目的。因此，本节对筛选后的分区指标进行了进一步的综合。

常用的指标综合方法有：综合评分法、综合指数法、判别函数法、功效系数法、主成分分析法、因子分析法、准秩和比法、距离综合法、标准回归系数法、关联分析法等，综合考虑各种方法的优点与局限性，本节选用了主成分分析法作为指标综合的方法，为防止综合结果中主成分的实际意义不明显，本节在主成分分析中对主成分进行了进一步的正交旋转处理。

（一）主成分分析方法的原理与优点

主成分分析法是一种常用的多元统计分析方法。它通过求原始数据协方差阵或相关系数矩阵的特征值与特征根的运算，可按指定的贡献率求出集中原始随机变量主要信息且彼此相互无关的主成分，从而达到既简化了变量个数，又可明显区分个体的目的。主成分分析法是将多元数据结构简化处理的一种常用方式。主要具有以下特点。

1. 主成分分析方法通过对原始指标作数学变换将其转化成彼此独立的主成分，具有自动筛选组合并让相关系数很好的随机变量综合成一个主成分的作用。不仅消除了相关信息重复对综合指标值的影响，而且减少了指标选择的工作量。

2. 用主成分分析法进行指标综合所得的权数都是伴随数学变换自动生成的，与人为确定权数相比，不仅减少了工作量，而且不带有人的主观随意性，比较客观、科学，从而提高了综合分区指标的可靠性。

3. 在分解方法上，不需要固定的函数形式，不像谐波分析必须要用三角函数，也不需要等间距的点的资料。

（二）主成分分析方法的步骤

1. 原始数据的归一化处理

由于提取主成分的主要原则是使方差最大，为了排除数量级、量纲的影响，在进行主成分分析之前，一般先对原始数据进行归一化处理。数据的归一化处理具有多种方法，比较各处理方法的特点及适用性，本节采用标准差标准化的方法对数据进行了归一化处理，其方法如下。

设 X 为原始数据矩阵，X^* 为标准化数据矩阵：

$$X = \begin{bmatrix} X_{11} & X_{12} & \cdots & X_{1p} \\ X_{21} & X_{22} & \cdots & X_{2p} \\ \vdots & \vdots & & \vdots \\ X_{n1}^* & X_{n2}^* & \cdots & X_{np} \end{bmatrix}$$

$$\boldsymbol{X}^* = \begin{bmatrix} X_{11}^* & X_{12}^* & \cdots & X_{1p}^* \\ X_{21} & X_{22} & \cdots & X_{2p}^* \\ \vdots & \vdots & & \vdots \\ X_{n1}^* & X_{n2}^* & \cdots & X_{np}^* \end{bmatrix}$$

X_{ij} 与 X_{ij}^* 的关系为：

$$X_{ij}^* = (X_{ij} - \overline{X_j})/\sigma_j \quad (i=1,\cdots,n, j=1,\cdots,p)$$

其中：

$$\overline{X_j} = 1/n \times \Sigma X_{ij} \quad (i=1,\cdots,n, j=1,\cdots,p, p \text{ 为指标个数}, n \text{ 为样本数})$$

$$\sigma_j^2 = 1/n \times \Sigma (X_{ij} - \overline{X_j})^2 \quad (i=1,\cdots,n, j=1,\cdots,p, p \text{ 为指标个数}, n \text{ 为样本数})$$

2. 计算相关系数矩阵 $\boldsymbol{R}$

$$\boldsymbol{R} = \begin{bmatrix} r_{11} & r_{12} & \cdots & r_{1p} \\ r_{21} & r_{22} & \cdots & r_{2p} \\ \vdots & \vdots & & \vdots \\ r_{p1} & r_{p2} & \cdots & r_{pp} \end{bmatrix}$$

其中：　　　$r_{ij} = 1/n \times \Sigma X_{kj}^* X_{ki}^* \quad (K=1,\cdots,n, i,j=1,\cdots,p)$

3. 计算特征根和特征向量

根据特征方程 $|\boldsymbol{R} - \lambda \boldsymbol{I}| = 0$ 计算特征值。

即解 $r_n \lambda^p + r_{n-1}\lambda^{p-1} + \cdots + r_1 \lambda + r_0 = 0$ 的特征多项式，求特征根 $\lambda_1, \lambda_2, \cdots, \lambda_p$，并将 λ_i 按大小排列，即 $\lambda_1 \geqslant \lambda_2 \geqslant \cdots \geqslant \lambda_p \geqslant 0$。

并求出关于特征值 λ_k 的特征向量 $\boldsymbol{I}_k = [I_{k1}, I_{k2}, \cdots, I_{kp}]^T$，其中，特征值、特征向量、相关系数矩阵之间存在如下关系：$\boldsymbol{Rl}_k = \lambda \boldsymbol{I}_k$ 在变量较多时，通常采用雅可比法计算特征值和特征向量。

4. 计算各主成分的贡献率 $\lambda_k / \Sigma \lambda_i (i=1,\cdots,p)$ 和累积贡献率 $\Sigma(\lambda_j / \Sigma \lambda_i)(j=l,\cdots,k; i=l, \cdots,p)$

5. 根据累积贡献率的大小选择主成分的个数，一般取累积贡献率达 85%～95% 的特征值 $\lambda_1, \lambda_2, \cdots, \lambda_m (m \leqslant p, m$ 为满足一定累积贡献率的主成分个数)对应的主成分即可。

6. 计算主成分载荷 $P(Z_k, Xi)$。即：计算主成分 Z_K 与变量 X_i 间的相关系数。

$$P(Z_k, X_i) = \sqrt{(\lambda_k)} \times I_{ki} \quad (i=1,2,\cdots,p; k=1,2,\cdots,m)$$

7. 计算各样本点的主成分得分 $Z_{ij}(i=1,\cdots,n; j=1,\cdots,m; n$ 为样本点个数，m 为主成分个数)，各样本点的主成分得分 $z_j(j=1,\cdots,m)$，利用如下公式进行计算：

$$Z_1 = I_{11}X_1^* + I_{12}X_2^* + \cdots + I_{1P}X_p^*$$
$$Z_2 = I_{21}X_1^* + I_{22}X_2^* + \cdots + I_{2P}X_p^*$$
$$\cdots\cdots\cdots\cdots$$
$$Z_M = I_{m1}X_1^* + I_{m2}X_2^* + \cdots + I_{mP}X_p^*$$

通过计算，得到各样本点的主成分得分矩阵：

$$\boldsymbol{Z} = \begin{bmatrix} Z_{11} & Z_{12} & \cdots & Z_{1m} \\ Z_{21} & Z_{22} & \cdots & Z_{2m} \\ \vdots & \vdots & & \vdots \\ Z_{n1} & Z_{n2} & \cdots & Z_{nm} \end{bmatrix}$$

利用各样本点各主成分的得分值就可进行进一步的分区。

（三）主成分分析结果与分析

1. 各主成分及其包含的原有信息量的大小

如前所述，各主成分所包含的信息量的大小通常用主成分的贡献率与累积贡献率来表示。本节利用辽宁、山东、河北、山西、河南、安徽、江苏、北京、天津 7 省 2 市共 79 个地区的原始数据，对经初步筛选后的 19 个指标进行了主成分分析，得到以下分析结果（表 8-11）。

表 8-11　主成分特征值及其方差贡献

主成分	特征值	主成分贡献率/%	累积贡献率/%
1	12.928040	68.04	68.04
2	2.404396	12.65	80.69
3	1.932119	10.17	90.86
4	0.641362	3.38	94.24
5	0.382978	2.02	96.26
6	0.209716	1.10	97.36
7	0.171487	0.90	98.26
8	0.111126	0.58	98.85
9	0.064591	0.34	99.19
10	0.050758	0.27	99.46
11	0.039759	0.21	99.66
12	0.022661	0.12	99.78
13	0.014193	0.07	99.86
14	0.009939	0.05	99.91
15	0.008087	0.04	99.95
16	0.003985	0.02	99.97
17	0.002989	0.016	99.99
18	0.001559	0.008	99.999
19	0.000259	0.001	1

从表 8-11 可以看出，前三个主成分的累积方差贡献已达到 90.86%，因此，所取各样本 19 个指标所提供的信息可以用前三个主成分来代表，其可靠性为 90.86%。同时前三个主成分的特征值均大于 1，与其他学者研究时所得到的：通常取特征值大于 1 的主成分作为最后综合指标的经验结论相符合。因此，研究中选取前三个主成分作为进一步分析的综合指标。这样，在损失较少信息的条件下，大大压缩了指标变量的个数，减少了进一步分区的工作量，且有利于抓住重点，更加清晰有效地实现分区。

2. 主成分与原始指标变量间的相关关系及其实际意义分析

各主成分与原始指标间的相关关系通常可用主成分载荷来表示。各变量对主成分的载荷大小和正负分别代表着该变量对主成分所反映的实际意义的贡献大小及作用方向。其中，对某个主成分载荷绝对值较大的几个变量及其变量组合就概括地反映了该主成分所代表的实际意义，不同变量载荷的正负代表着变量对主成分的作用是相逆的。前三个主成分的主成分载荷如表 8-12 所示。

表 8-12　主成分载荷矩阵

原始变量	主成分			3个主成分共同所能代表的各变量的信息量比例
	PC1	PC2	PC3	
小于−10 ℃的持续日数	0.877	−0.443	0.045	96.72%
负积温	0.662	−0.631	0.205	87.77%
负积温的发生频数	0.807	−0.540	0.080	94.91%
年平均气温	−0.858	0.442	−0.212	95.94%
冬季平均气温	−0.914	0.378	−0.068	98.34%
冬季日照时数	0.942	0.193	0.087	93.21%
1月日照时数	0.892	0.207	0.058	84.23%
年平均日照百分率	0.897	0.300	0.054	89.68%
冬季平均日照百分率	0.955	0.146	0.076	93.85%
1月平均日照百分率	0.955	0.144	0.107	94.46%
全年低云量>80%的总阴天数	−0.587	−0.570	0.386	81.88%
冬季低云量>80%的总阴天数	−0.803	−0.403	0.332	91.67%
1月低云量>80%的总阴天数	−0.808	−0.333	0.295	85.13%
冬季低云量>80%的阴天数占全年的百分比	−0.860	0.136	0.064	76.26%
冬季总云量>80%的总阴天数	−0.963	−0.058	0.168	95.97%
1月总云量>80%的阴天数	−0.957	−0.086	0.176	95.27%
冬季总云量>80%的阴天数占全年的百分比	−0.879	0.149	0.182	82.78%
冬季总辐射量	0.414	0.408	0.784	95.15%
1月总辐射量	0.130	0.413	0.863	93.24%

（1）主成分1实际意义分析

观察表 8-12，主成分 1 与冬季平均日照百分率（$R=0.955$）、1 月份平均日照百分率（$R=0.955$）、冬季日照时数（$R=0.942$）呈较强的正相关，与冬季总云量>80%的总阴天数（$R=-0.963$）、1 月总云量>80%的阴天数（$R=-0.957$）、冬季平均气温（$R=-0.914$）有较强的负相关，且冬季总云量>80%的阴天数占全年阴天数的百分比相对于主成分 2（$R=0.149$）和主成分 3（$R=0.182$）亦与主成分 1 有较强的负相关（$R=-0.879$），由此我们可以看出各因子均直接或间接地反映了某地区的冬季日照时数及冬春季节晴朗天气多寡状况，故该主成分可视为冬季日照时间长短及晴阴状况因子。主成分 1 可表示为以上各变量的线性组合，各变量的系数分别为各变量的主成分载荷。分析主成分的线性组合可以得出，与主成分呈正相关的各变量，其值越大计算出来的主成分得分值越大，而与主成分呈负相关的变量，则是其值越小，主成分得分值越大。由此，我们可以推断得出：某地区的主成分 1 的得分值为正，则该地区的气候特征即表现为日照时间长、晴天多且冬季阴天数占全年的阴天数比例小，即尤以冬季多晴天，但冬季气温偏低。得分值为负，气候特征则相反。

（2）主成分 2 实际意义分析

与其他变量相比，年平均气温（$R=0.422$），冬季平均气温（$R=0.378$）与主成分 2 正相关程度相对较大,负积温($R=-0.631$),全年低云量>80%的总阴天数($R=-0.570$),负积温的发生频数($R=0.540$),全年气温(≤-10 ℃的持续日数($R=-0.443$)与主成分 2 的负相关程度相对较大,但主成分 2 虽与全年及冬季低云量>80%的总阴天数呈负相关却与冬季总云量>80%的阴天数占全年的百分比呈一定程度的正相关,而不是负相关。分析以上诸因子可以看出,各因子均在一定程度上代表了气温的高低及适温持续时间的长短,故该主成分可视为温度及适温持续因子。某地区的主成分 2 的得分值为正,则该地区的气候特征表现为:温度高且低温持续时间短,全年阴天数虽不很多但冬季阴天数占全年的总阴天数比例偏高。得分值为负,气候特征则相反。

(3)主成分 3 实际意义分析

主成分 3 的代表性较明显,该主成分与冬季总辐射量($R=0.783$)、1 月总辐射量($R=0.863$)相关程度最强,与全年低云量>80%的阴天数($R=0.386$)、冬季低云量>80%的阴天数($R=0.332$)相关程度次强,而与其他因子相关系数均较小,故该因子可视为光照强度因子。某地区主成分 3 的得分值为正,则该地区的气候特征表现为光照度强,冬季及 1 月的总辐射量大,但阴天数偏多。得分值为负,气候特征则相反。

经过以上的指标初选、筛选以及指标的综合三个步骤的定量分析,本节得出节能型日光温室气候风险区划二级区划指标主要包括冬季日照时间长短及晴阴状况因子、温度及适温持续因子、辐射量状况因子三方面的因子,这与专家进行保护地的定性分区通常考虑的指标方向以及生产实践中各指标的影响程度状况都是比较吻合的,且较后者更加便于进一步的定量分区分析,更具客观性与准确性。

四、节能型日光温室冬春蔬菜生产气候风险分区指标体系(见附录 4)

第三节　分区方法与结果分析

一、分区思路

常用的分区方法主要有指标叠置法、综合指数法、平均绝对相似距离法、百分法、定性聚类法、传统聚类法、判别分析、模糊聚类法、模糊动态聚类方法、模糊综合评判、模糊相似优选法等。综合分析各种分区方法的优点与不足,考虑到本研究站点多、计算量大等特点,且本着在分区过程中应尽量减少主观因素的掺入,力求分区结果准确可信等原则,本节在利用多种分区方法进行了初步分区尝试的基础上,最终采取了以下分区思路。

通过各地区的能耗分析,以各地区冬春果菜生产的能耗大小为一级区划因子,利用主导指标法首先将区划范围分为加温区、不加温区两个一级区,对于二级区的划分则根据上述主成分分析所得到三个综合指标:冬季光照时间长短及晴阴状况因子、温度及适温持续时间长短因子以及光照强度因子。分别求出区划范围内 79 个站点三个主成分的主成分得分值,对 79 个站点的三个主成分得分值分别进行大小排序,并分别取各主成分得分值较大的 11 个站点作为具有该主成分特征的典型样本,将样本首先分为三个二级区,作为初分区结果。在初始分区的基础之上利用逐步判别分析方法对其余的样本进行进一步的判别归类,同时,利用逐步判别分析方法还可同时检验初始分区结果的准确性,从而达到完善分区结果的作用。

二、二级区初始分区结果

根据主成分分析结果，区划范围内辽宁、山东、河北、山西、河南、江苏、安徽以及北京、天津7省2市共79个站点的主成分得分见表8-13。

表8-13 各地区主成分得分一览表

地区	主成分得分			地区	主成分得分		
	I	II	III		I	II	III
山东 惠民	0.9421	0.5312	−0.4425	蔚县	0.7852	−1.7226	1.2603
德州	0.0475	1.5383	−0.0425	乐亭	0.6782	0.3598	−0.4894
荣成	−0.4932	−0.3728	−0.2813	保定	0.3643	0.7407	0.0183
寿光	0.8328	1.3007	0.2273	沧州	−0.0069	1.0173	1.4455
莱阳	−0.2108	1.1491	0.2220	石家庄	0.2047	0.9727	1.1703
淄博	0.7852	1.3581	−1.1616	邢台	0.5477	0.7959	−0.0907
济南	0.6586	0.3003	0.2901	河南 安阳	1.3128	0.2902	−0.5224
潍坊	−0.0996	1.4212	0.3963	开封	0.6099	0.3125	−2.0980
泰山	−1.2823	0.2150	2.2497	郑州	−0.8894	0.7970	−0.6317
沂源	0.0369	1.0287	0.8487	洛阳	−0.4600	1.3852	−0.7420
泰安	−0.0404	0.9845	0.0820	商丘	−0.3417	1.3103	0.3900
青岛	0.5631	−0.9944	0.3558	卢氏	−0.4299	−0.1371	0.9313
莒县	−1.2689	1.9185	0.0599	栾川	−0.9398	0.2082	0.2857
兖州	1.2482	0.2147	0.1626	西华	−1.0773	1.0638	−0.3838
日照	−0.0802	−0.3342	0.7296	南阳	−0.9364	0.0915	0.4060
菏泽	−0.6172	1.6760	0.0307	驻马店	−1.4130	0.4698	0.4833
临沂	1.2602	0.1563	−0.2921	固始	−2.7858	0.3707	0.5624
辽宁 彰武	0.2425	−1.1316	−1.0941	信阳	−1.5802	−0.9357	1.4462
阜新	1.1685	−1.2810	−1.0891	安徽 亳州	−0.1483	0.9799	0.4531
抚顺	−0.3197	−1.2170	−2.7307	宿县	−1.1219	1.7258	−0.3178
沈阳	0.2713	−1.4325	−0.8781	蚌埠	−0.1473	0.4188	−0.9209
朝阳	1.5340	−1.2417	−1.3108	阜阳	−0.7161	0.3519	−0.4476
建平	2.0993	−1.6554	−0.6165	合肥	−4.0251	1.2185	−0.5579
锦州	1.8935	−1.4916	−1.1775	江苏 徐州	−1.9114	1.5344	−0.3192
鞍山	0.3832	−0.2515	−0.2875	射阳	−1.6328	0.0821	−0.2876
本溪	−2.0169	−2.0014	−1.9016	靖江	−0.4640	0.0340	−0.8578
宽甸	−2.4217	−1.4322	−0.8738	东台	−1.8894	0.4747	−0.6123
营口	2.2717	−1.2879	−0.2868	南通	−1.5658	0.6133	−1.0219
兴城	0.9733	−0.8087	0.3949	南京	−2.5206	0.3487	−0.6377
岫岩	−0.8721	−0.3939	−1.2741	山西 大同	1.0952	−1.5203	0.7825
丹东	−0.8132	−1.0563	0.2890	右玉	0.3291	−2.3300	1.5904
大连	0.4508	0.1654	1.1940	五台山	−1.7892	−4.6761	2.9293
北京	−0.1390	0.8225	1.7109	原平	1.2997	−0.0918	1.8243
天津	1.9103	−0.1209	−0.3463	兴县	−0.6289	1.1198	0.6018
河北 围场	0.8376	−2.4425	−0.5469	阳泉	1.9044	−0.1603	1.4029
丰宁	0.6983	−1.5686	−0.4441	太原	−0.3661	1.1350	0.5952
承德	0.8229	−0.6407	0.6778	介休	1.6988	0.4505	0.4042
张家口	1.8075	−1.8375	−0.0167	阳城	2.1392	0.9163	0.3874
怀来	1.3774	−0.5291	1.6603	运城	0.6163	0.9829	−1.1972
遵化	1.7665	−0.2590	0.8663				

　　将各站点的主成分得分值分别按主成分 1 的大小、主成分 2 的大小、主成分 3 的大小顺序进行升序排列,得到各站点主成分得分排序,各站点与样本代码对照一览表及各主成分得分排序见附录 5。

　　分别取各主成分得分值中最高的 11 个站点,它们是分别具有三种典型气候特征的三类典型样本,将其分别作为二级区划中的三个亚区。选取的样本点如下。

　　1. Ⅱ(1)亚区:主成分 1 得分值较高的 11 个站点从大到小依次为:28、78、23、34、75、24、38、40、77、22、39。

　　2. Ⅱ(2)亚区:主成分 2 得分值较高的 11 个站点从大到小依次为:13、60、16、2、64、8、50、6、51、4、63。

　　3. Ⅱ(3)亚区:主成分 3 得分值较高的 11 个站点从大到小依次为:72、9、73、33、39、71、58、44、75、41、32。

　　对于选取的站点中重复的站点 39、75,将其归为其得分值排序较大的亚区,则站点 39 归为Ⅱ(3)亚区,站点 75 归为Ⅱ(1)亚区。所选各亚区的典型样本共 31 个站点如下。

　　1. Ⅱ(1)亚区:辽宁朝阳、辽宁建平、辽宁锦州、辽宁营口、天津、河北张家口、河北遵化、山西阳泉、山西介休、山西阳城。

　　2. Ⅱ(2)亚区:山东德州、山东寿光、山东淄博、山东潍坊、山东莒县、山东菏泽、河南洛阳、河南商丘、安徽宿县、安徽合肥、江苏徐州。

　　3. Ⅱ(3)亚区:山东泰山、辽宁大连、北京、河北怀来、河北蔚县、河北沧州、河南信阳、山西右玉、山西五台山、山西原平。

　　以上述各分类为聚类中心,在上述初始分区的基础之上,采用逐步判别分析方法建立判别函数,对其余的 48 个站点进行进一步的判别聚类并同时检验初始分区的分区效果。

三、初步分区的检验与其余站点的进一步判别归类

　　(一)逐步判别分析方法的原理与步骤

　　1. 原理:判别分析是一种多元统计方法,它的基本功能是:判别给定的一个样本来自哪个总体。这种方法是在观测所得到的分类数据的基础之上,确定判别准则、建立判别函数,判别未知的样本属于哪一类。逐步判别分析方法是一种改进了的判别分析方法。它通过逐步筛选变量、选择其中分辨力较强的变量建立判别函数,较好地解决了多变量建立判别函数复杂、工作量大且由于变量多所带来的信息干扰容易产生错判现象等问题,是一种较好的判别归类分析方法。利用该种方法不仅可以进行样本的判别归类,而且还可对初始分区效果进行分区准确性判别。

　　2. 步骤:其计算流程图见附录 6。

　　(1)列出原始数据、初始分类数 K、判别变量个数 m、各已知总体中的样本数 $N_i(i=1,2,\cdots,k)$、样本总数 $N(N=N_1+N_2+\cdots+N_k)$,及引入变量的临界值 F_l、F_2。

　　(2)计算各总体的均值和总均值。

$$\bar{x}_j^{(L)} = l/n_L \times \sum X_{aj}^{(L)} \qquad \bar{x}_j = l/n \times \sum \sum X_{aj}^{(L)}$$

$$L = 1,2,\cdots,k;j = 1,2,\cdots,m;a = 1,2,\cdots,n_L$$

　　(3)计算组内离差矩阵 W 与总的离差矩阵 T。

$$W = (w_{ij})_{m\times m} \qquad T = (t_{ij})_{m\times m}$$

其中，$w_{ij} = \sum\sum (x_{ai}{}^{(L)} - \bar{x}_i{}^{(L)})(x_{aj}{}^{(L)} - \bar{x}_j{}^{(L)})$ $(I = 1, 2, \cdots, k; a = 1, 2, \cdots, n_L; i, j = 1, 2, \cdots, k)$

$$t_{ij} = \sum\sum (x_{ai}{}^{(L)} - \bar{x}_i{}^{(L)})(x_{aj}{}^{(L)} - \bar{x}_j) \quad (I = 1, 2, \cdots, k; a = 1, 2, \cdots, n_L; i, j = 1, 2\cdots, k)$$

(4)逐步引入判别变量，并逐步计算判别函数中的已引入的 p 个变量的判别能力，利用 F 统计量进行检验，在已选变量中剔除不显著变量，直至既不能剔除又不能引进变量为止。

(5)建立判别函数。

$$fg(x) = \ln q_g + C_{go} + \sum C_{gi} x_j \quad g = 1, 2, \cdots, k$$

其中：

$$C_{gi} = (n - k)\sum W_{ij}{}^{(L)} \bar{x}_{gi} \quad g = 1, 2, \cdots, k$$

$$C_{go} = -1/2 \sum C_{gi} \bar{x}_{gi} \quad g = 1, 2, \cdots, k$$

$\bar{x}_{gi}$ 表示第 g 个总体的第 i 个变量的均值，q_g 为第 j 个总体的先验概率。

(6)对样品 $x = (x_1, x_2, \cdots, x_n)'$ 进行判别，将样品代入判别函数中，计算判别函数值，如果有：

$$f_j = \max\{f_i\} \quad 1 \leqslant i \leqslant k$$

则判样品 x 属于第 j 个总体。

(二)逐步判别归类结果：Ⅱ

从表 8-14 及表 8-15 可以看出，逐步判别分析对初始分区进行回判检验的结果较好，初始分区的准确率为 100%，典型样本之外的其余 48 个样本，其逐步判别归类的效果也很好，其归属于被判类别的概率均已超过 50%，且绝大部分在 90% 以上。经过初始分区与逐步判别归类，得到二级分区结果如下。

表 8-14 逐步判别归类结果

地区	归属类别	后验概率	地区	归属类别	后验概率	地区	归属类别	后验概率
山东 惠民	Ⅱ(2)	0.9038	宽甸	Ⅱ(3)	1	西华	Ⅱ(2)	1
荣成	Ⅱ(3)	0.9925	兴城	Ⅱ(3)	0.7947	南阳	Ⅱ(3)	0.9927
莱阳	Ⅱ(2)	1	岫岩	Ⅱ(3)	0.9823	驻马店	Ⅱ(3)	0.6940
济南	Ⅱ(3)	0.6387	丹东	Ⅱ(3)	1	固始	Ⅱ(3)	0.9517
沂源	Ⅱ(2)	0.5805	河北 围场	Ⅱ(1)	0.7721	安徽 亳州	Ⅱ(2)	0.9969
泰安	Ⅱ(2)	1	丰宁	Ⅱ(1)	0.8901	蚌埠	Ⅱ(2)	0.9999
青岛	Ⅱ(3)	0.9965	承德	Ⅱ(3)	0.9905	阜阳	Ⅱ(2)	0.9963
兖州	Ⅱ(1)	0.9967	乐亭	Ⅱ(2)	0.9853	江苏 射阳	Ⅱ(2)	0.5204
日照	Ⅱ(3)	1	保定	Ⅱ(2)	0.9987	靖江	Ⅱ(2)	0.9335
临沂	Ⅱ(1)	0.9969	石家庄	Ⅱ(3)	0.9970	东台	Ⅱ(2)	0.9998
辽宁 彰武	Ⅱ(3)	1	邢台	Ⅱ(3)	0.9990	南通	Ⅱ(2)	1
阜新	Ⅱ(1)	0.9863	河南 安阳	Ⅱ(1)	0.9912	南京	Ⅱ(2)	0.9968
抚顺	Ⅱ(3)	1	开封	Ⅱ(2)	0.9995	山西 大同	Ⅱ(3)	0.9539
沈阳	Ⅱ(3)	0.9996	郑州	Ⅱ(2)	1	兴县	Ⅱ(3)	0.9985
鞍山	Ⅱ(3)	0.9997	卢氏	Ⅱ(2)	1	太原	Ⅱ(2)	0.9983
本溪	Ⅱ(3)	1	栾川	Ⅱ(3)	0.9062	运城	Ⅱ(2)	1

表 8-15　初始分类的回判检验结果

地区	预分类	归属类别	后验概率	地区	预分类	归属类别	后验概率	地区	预分类	归属类别	后验概率
山东 德州	Ⅱ(2)	Ⅱ(2)	1	辽宁 大连	Ⅱ(3)	Ⅱ(3)	1	安徽 宿县	Ⅱ(2)	Ⅱ(2)	1
寿光	Ⅱ(2)	Ⅱ(2)	0.996	北京	Ⅱ(3)	Ⅱ(3)	1	合肥	Ⅱ(2)	Ⅱ(2)	1
淄博	Ⅱ(2)	Ⅱ(2)	1	天津	Ⅱ(1)	Ⅱ(1)	1	江苏 徐州	Ⅱ(2)	Ⅱ(2)	1
潍坊	Ⅱ(2)	Ⅱ(2)	1	河北 怀来	Ⅱ(3)	Ⅱ(3)	1	山西 右玉	Ⅱ(3)	Ⅱ(3)	1
泰山	Ⅱ(3)	Ⅱ(3)	1	张家口	Ⅱ(1)	Ⅱ(1)	1	五台山	Ⅱ(3)	Ⅱ(3)	1
莒县	Ⅱ(2)	Ⅱ(2)	1	遵化	Ⅱ(1)	Ⅱ(1)	0.996	原平	Ⅱ(3)	Ⅱ(3)	1
菏泽	Ⅱ(2)	Ⅱ(2)	1	蔚县	Ⅱ(3)	Ⅱ(3)	1	阳泉	Ⅱ(1)	Ⅱ(1)	0.688
辽宁 朝阳	Ⅱ(1)	Ⅱ(1)	1	沧州	Ⅱ(3)	Ⅱ(3)	1	介休	Ⅱ(1)	Ⅱ(1)	1
建平	Ⅱ(1)	Ⅱ(1)	1	河南 洛阳	Ⅱ(3)	Ⅱ(3)	1	阳城	Ⅱ(1)	Ⅱ(1)	1
锦州	Ⅱ(1)	Ⅱ(1)	1	商丘	Ⅱ(2)	Ⅱ(2)	1				
营口	Ⅱ(1)	Ⅱ(1)	1	信阳	Ⅱ(3)	Ⅱ(3)	1				

1. Ⅱ(1)亚区:辽宁阜新、辽宁朝阳、辽宁建平、辽宁锦州、辽宁营口、天津、河北围场、河北张家口、河北遵化、山西阳泉、山西介休、山西阳城、山东兖州、山东临沂、河南安阳。

2. Ⅱ(2)亚区:山东惠民、山东德州、山东寿光、山东莱阳、山东淄博、山东潍坊、山东沂源、山东泰安、山东莒县、山东菏泽、河北乐亭、河北保定、河北邢台、河南开封、河南郑州、河南洛阳、河南商丘、河南西华、安徽亳州、安徽宿县、安徽蚌埠、安徽阜阳、安徽合肥、江苏徐州、江苏射阳、江苏东台、江苏靖江、江苏南京、江苏南通、山西兴县、山西太原、山西运城。

3. Ⅱ(3)亚区:山东荣成、山东济南、山东泰山、山东青岛、山东日照、辽宁彰武、辽宁抚顺、辽宁沈阳、辽宁鞍山、辽宁本溪、辽宁宽甸、辽宁兴城、辽宁岫岩、辽宁丹东、辽宁大连、北京、河北丰宁、河北承德、河北怀来、河北蔚县、河北沧州、河北石家庄、河南卢氏、河南栾川、河南南阳、河南驻马店、河南固始、河南信阳、山西大同、山西右玉、山西五台山、山西原平。

分别计算Ⅱ(1)、Ⅱ(2)、Ⅱ(3)各亚区三个综合指标的均值,其结果如表 8-16 所示。

表 8-16　各分区综合指标均值

亚区	综合指标 1	综合指标 2	综合指标 3
Ⅱ(1)亚区	1.6569796	−0.6500183	0.1988017
Ⅱ(2)亚区	−0.5214359	0.9591021	−0.2916788
Ⅱ(3)亚区	−0.2551034	−0.6545237	0.3848746

从表 8-16 可以看出,Ⅱ(1)亚区、Ⅱ(2)亚区、Ⅱ(3)亚区分别在综合指标 1、综合指标 2、综合指标 3 上各占明显优势,即:Ⅱ(1)亚区综合指标 1 远远高于其他两类,说明包含于此亚区中的各站点在光照时数以及日照百分率等方面优于其他两亚区,多晴好天气;Ⅱ(2)亚区的综合指标 2 远远高于其他两个亚区,说明本亚区中各站点温度条件较佳,但Ⅱ(2)亚区的综合指标 1 在三个亚区中属最差,说明亚区内各站点或部分站点光照条件较差,光照时数较少,多阴、雨、雪天气;Ⅱ(3)亚区综合指标 3 占明显优势,说明本亚区内各站点冬季及一月总辐射量较大,但本亚区综合指标 2 与综合指标 1 的值均较小,温度条件较差,灾害性天气发生频率亦较高。对

于各分区的具体气候特征,在后文的分区评述中还有更详尽的阐述。

第四节　分区结果及评述

一、节能型日光温室蔬菜生产气候风险分区结果及分区评述

(一)一级区

1. Ⅰ(1)加温区

加温区是指区划范围内北纬40°以北地区。北纬40°附近以南的个别地区由于微地貌的影响(如海拔较高等),亦属于加温区范围。

本区的主要气候特征表现为:冬季气温偏低,其极端最低气温在-23.3~40.4 ℃,全区1月平均气温为-11 ℃,1月平均最低气温为-16.2 ℃,冬季≤-10 ℃的日数长达66~118 d。有的地区尽管光照条件较好但由于外界气温较低,节能型日光温室如只靠日光作为热源仍达不到冬春季果菜生产的温度要求。因此,本区冬、春季节进行果菜生产时需要利用加温设备进行辅助加温,有的地区若整个冬春季(11月—次年3月)一直进行果菜生产其耗煤量每亩可达21 t左右(如辽宁抚顺、沈阳、河北围场等),势必影响经济收益,在这种情况下,除采取有效的温室保温措施尽量减少燃煤消耗外,在冬季最寒冷的时段适当种植一些较耐寒的叶菜或避开一小段极寒冷期不进行生产也是十分必需的。本区冬、春如不进行大量加温,果菜类蔬菜只能进行春提前和秋延后生产。本区由于冬春生产煤耗过大,经济效益不佳,栽培以满足当地需求为主,不适宜大面积发展日光温室的生产,但由于本区冬、春季节露地栽培无法进行,农村冬闲人口较多,且市场需求量较大,因此在条件稍好的地区(如辽西等地)也可加以适当发展,但应注意加强温室的保温设施,温室的建筑结构和方位一定要合理,且应以耐寒叶菜类蔬菜栽培为主。

2. Ⅰ(2)节能区(非加温区)

本区是指区划范围内北纬40°以南地区。

本区的主要气候特征为:与加温区相比,冬春季气温较高,极端最低气温在-27~-10℃,全区1月平均气温为-2.3 ℃,1月平均最低气温为-7.4 ℃,冬季平均气温为2.0 ℃。由于本区温度条件较好,若能采用合理的温室结构、采取适当的保温措施,则仅以日光为主要能源即可满足节能型日光温室冬春果菜生产的温度要求,不需要进行较长时间的辅助加温。但北纬40°这个界限也并不是绝对的,对于北纬40°以南的一些海拔较高地区,如山西五台山附近地区、河北蔚县附近地区等以及纬度稍高接近北纬40°而光照条件又较差的地区,仍须进行短期辅助加温,温室需备有简易辅助加温设备。

(二)二级区与三级区

根据主成分分析、初始分区、逐步判别分区等步骤,我们在一级分区的基础之上,根据各地区气候特点的差别所决定的其在生产实践中管理利用方向的不同对区划范围进行了进一步的划分,经数学检验及实践检验,分区效果较好。根据表8-16各分区综合指标均值的计算结果,我们将二级区主要分为以下三个亚区:Ⅱ(1)光照时间较长、日照百分率较高的多晴天亚区,Ⅱ(2)温度条件相对优越亚区,Ⅱ(3)辐射量相对丰富亚区,各亚区温度及光照状况的对比关系见表8-17。同时,在三个亚区内部,根据区内离差较大的主要指标变量又将其各分为两个小

区,共六个小区。

表 8-17　各亚区温度、光照状况对比分析

	Ⅱ(1)亚区	Ⅱ(2)亚区	Ⅱ(3)亚区
冬季平均气温/℃	−1.9	2.7	−2.1
1 月平均气温/℃	−6.9	−1.7	−7.0
冬季平均日照百分率/%	64.8	55.2	61.5
1 月平均日照百分率/%	66.0	55.5	62.8
冬季平均日照时数/h	1011.3	879.9	962.8
1 月平均日照时数/h	199.0	170.4	187.9
冬季平均阴天数/d	21.3	37.8	27.0
1 月平均阴天数/d	3.2	6.7	4.5
冬季平均总辐射量/×10⁸J·m⁻²	15.171438	14.894143	15.758288
1 月平均总辐射量/×10⁸J·m⁻²	2.637631	2.652424	2.767552

1. Ⅱ(1)光照时间较长、日照百分率较高的多晴天亚区

本亚区共同的气候特征是:日照时间长、阴天少、晴天多,全年日照时数在 2400～2920 h,全亚区各站点全年平均日照时数为 2736.6 h 左右,冬季日照时数在 890～1100 h,全亚区冬季日照时数平均为 1011.3 h,1 月平均日照时数为 199.0 h,年平均日照百分率在 57%～67%,整个亚区平均全年及冬季日照百分率分别为 62.3% 和 64.8%,1 月日照百分率平均为 66.0%,冬季阴天数平均为 21.3 d,1 月平均为 3.2 d,为三类二级亚区中日照时间和天气条件最好的地区。充足的光照条件为本亚区发展节能型日光温室创造了良好的条件,但本亚区发展节能型日光温室的限制条件是温度条件较差(尤其是本亚区的加温部分),其冬季平均最低气温为 −7.1 ℃,1 月平均最低气温为 −11.8 ℃,与另外两个亚区相比,差于 Ⅱ(2)亚区,而与 Ⅱ(3)亚区的平均温度条件相当,因此本亚区在生产实践中的温室管理利用重点就是要努力改善温室的温度条件,在温室机构、保温措施、蔬菜品种以及特殊的管理技术方面共同着手来提高温室内的温度条件。主要包括:

①选用最佳的墙体结构和墙体材料。如选用异质复合墙体,选用蓄热系数大、载热性能强的内墙体材料,选用导热系数小、隔热性能强的外墙体材料等,个别地区还可根据本地区的气候条件适当加厚墙体及在墙外培土、设风障等。

②加强温室的保温措施。如采用多层覆盖、选用保温性能好的外保温覆盖材料、室内悬挂保温幕,有些地区还可在室内加扣小拱棚、覆地膜等。

③在当地的技术人员的指导下选择较耐低温的蔬菜品种进行栽培。

④采用特殊的管理措施:如采用膜下暗灌、滴灌等灌溉措施、采用嫁接换根、大温差培育壮苗等栽培措施,既可减少室内温度降低的幅度、有效地防止蔬菜病虫害的发生,又可增强蔬菜的抗寒能力。

⑤在温室外设置防寒沟,以尽量减少温室内地中热量的横向向外传导,提高地温。

⑥有条件的地区可实行种养结合。将蔬菜种植、家禽家畜饲养及建沼气池结合起来,可起到既提高室内温度又可以补充室内 CO_2 含量的不足,同时提供优质有机肥的作用。

⑦采用可改善光照条件的其他措施。通过提高温室内的进光量提高温室内温度。

⑧此外,有条件利用工厂余热和地热的地区以及一些常规能源较便宜的地区,应尽量将优势充分地发挥出来,弥补其自然条件的不足。通过适当的温度改善,本亚区可适当地发展日光温室,尤其是本亚区内北纬 40°以南地区,可较大面积地发展节能型日光温室的生产。

根据本亚区内北部与南部在温度条件方面的差别,本亚区又可分为两个小区:Ⅱ(1)a 加温小区和Ⅱ(1)b 节能小区(表 8-18)。

表 8-18　Ⅱ(1)亚区内各小区温度、光照状况对比分析

	Ⅱ(1)亚区	Ⅱ(1)a 加温小区	Ⅱ(1)b 节能小区
冬季平均气温/℃	−1.9	−4.8	1.4
1月平均气温/℃	−6.9	−10.1	−3.1
冬季平均日照时数/h	1011.3	1065.4	949.4
1月平均日照时数/h	199.0	207.3	189.5
冬季平均日照百分率/%	64.8	69.0	59.9
1月平均日照百分率/%	66.0	70.0	61.4
冬季平均总辐射量/×10⁸J·m⁻²	15.171438	14.932865	15.444092
1月平均总辐射量/×10⁸J·m⁻²	2.637631	2.524708	2.766685
冬季平均阴天数/d	21.3	13.3	30.5
1月平均阴天数/d	3.2	1.8	4.9

(1)Ⅱ(1)a 加温小区

本小区包括亚区内北纬 42°以南的辽西地区(其中心市县为辽宁阜新、朝阳、建平、锦州等)以及辽东湾东部沿岸的营口、熊岳等地;河北北部的部分地区(如西北部的张家口地区、北部的围场地区以及东北部遵化附近地区等)。与同亚区内的Ⅱ(1)b 节能小区相比,本小区的显著特征就是其光照条件更优。全小区冬季平均日照时数达 1065.4 h,1月平均日照时数达207.3 h,冬季平均日照百分率为 69%,1月平均日照百分率为 70%,冬季阴天数为 13.3 d,1月阴天数仅为 1.8 d,但温度条件稍差于Ⅱ(1)b 节能小区,冬季进行节能型日光温室的生产需进行加温方可维持整个冬春季节生产果菜。本小区若能充分利用其晴好的天气条件,在加强保温措施的前提下,可适当发展节能型日光温室的生产,以满足东北地区及河北北部山区冬季对于果菜及叶菜类蔬菜的需要。

②Ⅱ(1)b 节能小区

本小区指本亚区的南部。包括山西北纬 38°以南的东中部地区(如山西阳泉、介休、阳城地区),山东南部的兖州和临沂地区,河南北部安阳、濮阳、新乡、焦作附近地区等。本小区的气候特征表现为:温度条件好于Ⅱ(1)a 加温小区,全小区冬季平均气温为 1.4 ℃,1月平均气温为−3.1 ℃,而光照条件与Ⅱ(1)a 加温小区相比相对稍差,全小区冬季平均日照时数为949.4 h,1月平均日照时数为 189.5 h,冬季平均日照百分率为 59.9%,1月平均日照百分率为 61.4%,与Ⅱ(2)亚区中的Ⅱ(2)a 北部小区的温光条件相当。本小区的温光条件虽不属最好,但其温光条件适中偏好,且温光条件配合较好,故本小区可较大面积地发展节能型日光温室的生产。

2.Ⅱ(2)温度条件相对优越亚区

本亚区的主要气候特征就是温度条件很好。其冬季平均气温在−4~7 ℃,全亚区各站点的冬季平均气温平均为 2.7 ℃,1 月平均气温平均为 −1.7 ℃,冬季平均最低气温全亚区平均为 −2.3 ℃。本亚区的各站点全部位于非加温区内,和其他两类二级区相此,本亚区的温度条件远远优于其他两亚区,但本亚区多阴天的天气条件却大大限制了本亚区蔬菜栽培的产量。全亚区各站点全年平均阴天数达 109.7 d,冬季阴天数平均为 37.8 d,1 月阴天数平均为 6.7 d,冬季阴天数占全年阴天数的 34%,全亚区冬季平均日照百分率为 55.2%,尤其是本亚区南部的河南、安徽、江苏省内的各站点光照条件更差,全年平均阴天数为 123.4 d,冬季平均阴天数为 44.4 d,1 月平均阴天数为 8.1 d,冬季及 1 月平均日照百分率仅为 51.7% 和 51.8%。

如前所述,光照条件对于蔬菜的生长发育、蔬菜的质量与产量均有着直接和间接的影响。因此充分地利用光能是本亚区温室管理利用方向的重中之重,其管理措施主要包括:

①建筑温室时,应选择合理的方位和朝向,选用最佳的采光屋面角度。

②建筑温室时应尽量选择细材或反光率较高的骨架材料,以尽量减少建材的遮阴对温室内光照的影响。

③选用透光率较高且透光率衰减较慢的防尘、无滴长寿膜作为内覆盖材料,室内张挂反光幕等。

④选用耐弱光温室蔬菜专用品种。

⑤注意冬季揭帘和盖帘的时间安排。适当地提早揭、延晚盖,协调好冬季温室保温和增光的关系,阴天也要揭苫,以充分利用散射光,此外,还应根据室内的光照条件,以光照条件为中心,相应地调节其他环境条件,进行综合环境条件的科学管理。如光照充足时,室内可保持较高的温度以有利于作物的光合作用,而连阴雨、雪天气时,则应使室内自然保持低温,以降低作物呼吸强度、减少消耗。

⑥逐步摸索本地区连阴雨、雪天气的发生规律,认真总结分析,及早预防,同时制定合理的茬口安排,如可在连阴雨、雪多发时段适当安排一茬耐冷凉的速生蔬菜等,以有效地减少温室生产的风险。

根据本亚区的北部和南部在光照条件方面存在着较为明显的差异,故本亚区又可分为 Ⅱ(2)a 北部小区和 Ⅱ(2)b 南部小区两个小区。其温光状况的对比关系见表 8-19。

表 8-19　Ⅱ(2)亚区及其各小区温光状况对比分析

	Ⅱ(2)亚区	Ⅱ(2)a 北部小区加温小区	Ⅱ(2)b 南部小区节能小区
冬季平均气温/℃	2.7	0.8	4.6
一月平均气温/℃	−1.7	−4.0	0.5
冬季平均日照时数/h	878.9	948.8	809.0
一月平均日照时数/h	170.4	185.5	155.4
冬季平均日照百分率/%	55.2	60.0	50.5
一月平均日照百分率/%	55.5	60.6	50.4
冬季平均阴天数/d	37.8	27.7	47.9
一月平均阴天数/d	6.7	4.7	8.8
冬季平均总辐射量×10^8J·m^{-2}	14.894143	15.491608	14.296679
一月平均总辐射量×10^8J·m^{-2}	2.652424	2.724225	2.580622

①Ⅱ(2)a 北部小区

本小区指 Ⅱ(2)亚区中位置偏北的华北地区部分,包括:山东省北部,即 Ⅱ(2)亚区内的山东省部分除中东部沿海以及南部的临沂和兖州地区以外的其他地区,河北省的乐亭、保定、邢台地区,山西省北纬 39°以南的西部地区(如兴县、太原等)。尽管Ⅱ(2)亚区的光照条件总体来说较差于Ⅱ(1)亚区,但本小区的光照条件则明显好于本亚区的南部小区,全小区冬季及 1 月平均气温分别为 0.8 ℃和−4.0 ℃,冬季及 1 月日照时数分别为 948.8 h 和 185.5 h,冬季及 1 月平均日照百分率分别为 60.0%和 60.6%,综合来看,温光条件都较适合节能型日光温室的发展,本小区与Ⅱ(1)b 节能小区一样,亦可较大面积地发展日光温室,但在生产过程中应更加注意光照条件特别是冬季光照条件的改善。

②Ⅱ(2)b 南部小区

本小区主要包括山西西南部的运城附近地区,河南省中部的洛阳、郑州、商丘、开封、西华等地,安徽省、江苏省等。本小区的温度条件虽然是本亚区乃至整个区划范围中最好的,整个小区冬季及 1 月平均气温平均分别为 4.6 ℃及 0.5 ℃,但冬春季节多连阴天气则严重影响了本小区冬春季节的温室蔬菜生产,尤其是对于光照条件要求较高的蔬菜,其生产更加困难。而光照条件的改善较温度的改善更加困难、耗资更大,如果人工改善光照条件将会大大增加生产成本,导致生产效益不佳。因此,本小区冬季连阴季节除可适当生产对温度要求较高,而光饱和点又不太高的部分蔬菜外,不太适宜大面积地进行节能型日光温室的喜温蔬菜生产。不过,对比小区内各区域的温光条件及其配合情况,本小区北部北纬 32°~34°附近地区的河南郑州、商丘、西华、洛阳;安徽北部的亳州、宿县;江苏北部的徐州、射阳、清江等附近地区温光条件略差于Ⅱ(2)a 北部小区,但又好于小区内的其他区域,因此,本小区的日光温室发展应尽量安排在这些地区,以尽可能地减少生产风险。

3.Ⅱ(3)辐射量相对丰富亚区

本亚区的显著气候特征为:辐射量较丰富,其全年总辐射量达 $4.7×10^9$~$6.0×10^9$ J·m^{-2},全亚区各站点全年平均总辐射量为 $5.2527049×10^9$ J·m^{-2},冬季平均总辐射量为 $1.5758288×10^9$ J·m^{-2},1 月全亚区平均总辐射量为 $2.767552×10^9$ J·m^{-2},冬季和 1 月的总辐射量远远好于其他两个亚区,但本亚区的温度条件则是三类地区中最差的,全亚区冬季平均气温为−7.0 ℃,1 月平均最低气温为−12.2 ℃,除辽宁南部的大连地区、本区的山东部分、河南南部的气温条件稍好外,其他地区的极端最低气温在−28~−40.4 ℃,温度条件差。且本区的另一个显著气候特点就是多阴天。其光照条件总体来说虽稍好于Ⅱ(2)亚区,但远较Ⅱ(1)亚区差,除本亚区的加温小区部分光照条件稍好外,非加温区部分其冬季平均日照百分率仅为 57.4%,冬季平均阴天数达 36.6 d。根据温度、光照时间及阴天数的差别(表 9-20),又可将本亚区分为两个小区。

①Ⅱ(3)a 加温小区

本小区包括Ⅱ(3)亚区中的辽宁北部及辽东地区(其中心市县为辽宁彰武、抚顺、沈阳、鞍山、本溪、宽甸、兴城、岫岩、丹东),山西北部地区(其中心市县为:大同、右玉、原平)以及河北西北部、北部环北京市的部分山区(如蔚县、怀来、丰宁、承德附近地区)。与本亚区的其余地区相比,本小区的温度条件较差,全小区的 1 月平均气温为−11.8 ℃,1 月平均最低气温为−17.2 ℃,极端最低气温均低于−30.30 ℃,且冬季及 1 月的总辐射量也不及本亚区内的Ⅱ(3)b 节能小区。但本小区的冬季及 1 月的平均日照时数及平均日照百分率均好于本亚区的Ⅱ(3)b 节能小区,其温光对比关系见表 8-20。本小区由于温度条件较差,故本小区不是十分适宜进行节能型日光温室的冬茬果菜生产,只适宜适当进行一些春提前或秋延后的果菜栽培生产及部分耐寒叶菜的冬茬生产。

②Ⅱ(3)b 节能小区

本小区包括Ⅱ(3)亚区内山东西部的济南附近地区、山东东部沿海的荣成、青岛、日照等地；河南南部(其中心市县为：卢氏、栾川、南阳、驻马店、固始、信阳等)及辽宁南部的大连地区、河北中部的沧州、石家庄附近地区等。与Ⅱ(3)a 加温小区相比，本小区虽然温度及辐射量状况稍好，但本小区冬季多连阴天气，亦成为本小区发展节能型日光温室的障碍。与Ⅱ(2)b 南部小区相比，本小区的光照条件稍好，因此此小区在发展冬春季日光温室生产时，应注意充分、有效地利用其有限的光照条件，发挥其温度条件优势、加强对灾害性天气的预报与预防。

表 8-20　Ⅱ(3)亚区及其各小区温光条件比较

	Ⅱ(3)亚区	Ⅱ(3)a 加温小区	Ⅱ(3)b 节能小区
冬季平均气温/℃	−2.1	−6.2	2.0
1月平均气温/℃	−7.0	−11.8	−2.2
冬季平均总辐射量/×10⁸J·m⁻²	15.758288	15.367859	16.148717
1月平均总辐射量/×10⁸J·m⁻²	2.767552	2.630021	2.905084
冬季平均日照时数/h	962.8	1017.5	908.1
1月平均日照时数/h	187.9	199.3	176.6
冬季平均日照百分率/%	61.5	65.6	57.4
1月平均日照百分率/%	62.8	67.0	58.5
冬季平均阴天数/d	27.0	17.3	36.6
1月平均阴天数/d	4.5	2.5	6.4

注：分区等级体系见附录7；我国东部淮河以北地区节能型日光温室蔬菜生产气候风险区划示意图见附录9。

二、问题与讨论

1. 此章所涉耗煤量计算中所采用的温度数据为 1951—1980 年 30 年的气象数据，随着近年来全球气候变暖，该数据数值可能较目前的实际数值偏低，从而使得耗煤量的计算结果可能偏大，若采用近年来的气象数据，效果将会更佳。

2. 本节计算的冬春耗煤量是以保证冬春果菜类蔬菜正常生长为前提的，若在冬春最寒冷的时段生产叶菜或避开该时段不进行生产，则耗煤量将会大大减少甚至不加温。

3. 本节计算的耗煤量是以热值为 6000 kcal·kg⁻¹ 的烟煤、燃烧效率为 60%，加温设备的效率为 85% 的假定下进行计算的，若选用热值及燃烧效率较高的其他煤种并采用节能炉灶，则耗煤量将会降低。

4. 本节中计算耗煤量时，假设温室的外覆盖保温措施为一层稻草苫，若实际生产过程中温室采用多层覆盖，如：室外覆盖稻草苫、室内悬挂保温幕、加扣小拱棚等，则各地耗煤量亦会相应降低。同时，本节中计算煤耗量时，是在假设各地区均采用了适合本地区的最佳温室结构参数的基础上进行的，若实际生产实践中温室建筑参数不合理，则实际煤耗量将会加大。

5. 本节根据我国东部北纬 32°～43°地区发展节能型日光温室的气候风险不同，将区划范围划分为两个一级区、三个二级亚区、六个三级小区，这只是根据分析过程而得到的一种分区思路，其目的旨在探讨各地区发展节能型日光温室的气候风险大小及其气候适宜性，并将气候风险一致的地区归并为一类，以便在生产过程中根据各地区不同的气候特点采取相应的管理措施,因地制宜、扬长避短。当然,我们也可将区划范围进行二级划分,例如,将Ⅱ(1)a 加温小区和Ⅱ(3)a 加温小区划分为一级区-加温区的两个亚区,而其他四个小区可划分为一级区-非加温区(节能区)的亚区,但这并不影响我们对各区气候风险特征和大小的探讨,二者的结果殊途同归,其结果都是使我们清晰地认识到了各地区的主要气候特征,有效地指导我们的生产实践活动。只不过本节所采取的分区结果是伴随着分区过程而产生的,而后者的分区结果若不经以上的数学分析及对本文分区结果的归纳,则需要很高的经验性方能获得。

6. 由于本区划是以一定的时限性,即以一定的资源利用水平和技术设施水平为前提的,其具有一定的阶段性,因此,本区划的制定并不能起到一劳永逸的作用。随着我们对资源利用水平的日益提高,如温室结构性能的进一步完善,栽培、管理技术的进一步提高、更加耐低温、弱光蔬菜新品种的培育成功等,各分区温室生产的气候风险大小及温室生产的适宜程度也要发生相应的改变,因此须随着温室生产相关因素的发展不断地对区划进行修订。

7. 由于本章旨在就保护地区划的指标体系和方法体系的建立进行一个初步的探讨,意在起到抛砖引玉的作用、因此,在试验的进行过程中,只选择了我国东部地区七省二市 79 个样本点进行了初步的分析,如有充足的时间,可适当加密站点并加入我国西部地区进行共同探讨,形成我国全国节能型日光温室发展的气候区划。

三、结论

1. 本节通过指标的初选、筛选和综合等过程,得到以下分区指标体系:一级分区指标为各地区冬春季温室生产的燃煤量大小,二级区通过对原始的 21 个气象指标的筛选和综合,采取以下三个综合指标作为二级分区指标:冬季日照时数及天气晴阴状况因子(综合指标 1),温度条件及适温持续因子(综合指标 2)、辐射量状况因子(综合指标 3),三级区则是在二级区的基础之上,根据区内部分指标变量的差异(如:Ⅱ(1)亚区与Ⅱ(3)亚区主要根据由温光条件决定的煤耗量、Ⅱ(2)亚区主要依据光照状况)进行了进一步的分区细化。

2. 本节通过对区划范围内 7 省 2 市共 79 个站点冬、春进行节能型日光温室果菜生产所需煤耗量的计算,得出:北纬 40°可作为我国东部冬春发展节能型日光温室生产须加温与否的界限,并以此为界,将区划范围划分为加温区和非加温区(节能区)两大部分。

3. 本节根据我国东部北纬 32°~43°地区发展节能型日光温室的气候风险不同,将区划范围划分为两个一级区——Ⅰ(1):加温区和Ⅰ(2):非加温区(节能区),三个二级亚区——Ⅱ(1)光照时间较长、日照百分率较高的多晴天亚区、Ⅱ(2)温度条件相对优越亚区、Ⅱ(3)辐射量相对丰富亚区,六个三级小区——Ⅱ(1)a 加温小区、Ⅱ(1)b 节能小区、Ⅱ(2)a 北部小区、Ⅱ(2)b 南部小区、Ⅱ(3)a 加温小区、Ⅱ(3)b 节能小区。其中,非加温区条件优于加温区,非加温区中又以Ⅱ(1)b 节能小区和Ⅱ(2)a 北部小区的温光条件相对最优,适合大面积地进行节能型日光温室的生产,建立我国的冬菜生产基地。Ⅱ(2)b 南部小区与Ⅱ(3)a 加温小区分别表现为光照条件和温度条件较差,除Ⅱ(2)b 南部小区北部北纬 34°附近地区的河南郑州、商丘、西华、洛阳;安徽北部的亳州、宿县;江苏北部的徐州、射阳、清江等附近地区温光条件稍好可适当地进行一定的冬春果菜生产外,其他地区不太适合进行节能型日光温室的冬春季果菜生产。Ⅱ(1)a 加温小区及Ⅱ(3)b 节能小区若能够充分地利用各自的温光优势,扬长避短,充分地利用光能,采取有效的保温措施,则可适当地发展日光温室的生产,以满足当地冬春季节对于新鲜果菜的需求。

参考文献

柴立龙,马承伟,张义,等,2010.北京地区温室地源热泵供暖能耗及经济性分析[J].农业工程学报,26(3):
　　249-254.

陈端生,1984.我国若干地区加温温室总耗煤量的计算[J].园艺(3-4):25-29.

陈端生,1994.中国节能型日光温室建筑与环境研究进展[J].农业工程学报(01):123-129.

陈端生,2005.日光温室小气候环境及其调节[J].中国花卉园艺(08):47-52.

陈端生,徐师华,刘步洲,1985.我国加温温室蔬菜合理布局的探讨[J].农业工程学报,1(2):36-42.

陈端生,郑海山,刘步洲,1990.日光温室气象环境综合研究Ⅰ.墙体、覆盖物热效应研究初报[J].农业工程学
　　报(02):77-81.

陈发祖,1980.土壤覆盖热效应的微气象研究[J].地理学报(01):68-75.

陈教料,2016.基于模型优化预测与流场分析的温室能耗控制方法[D].杭州:浙江大学.

陈青云,等.1994.计算机在建筑环境分析中的应用[M].北京:北京大学出版社.

戴剑锋,罗卫红,李永秀,等,2006.基于小气候模型的温室能耗预测系统研究[J].中国农业科学,39(11):
　　2313-2318.

范颖超,2014.现代温室的微气候模拟分析[D].邯郸:河北工程大学.

高仓直,等,1981.地中热交换温室设计Ⅰ定常一次模型的解析[J].农业气象(日)(3):187-196.

古在豊樹,等,1982.温室の日暖房負荷に關する測定と解析[J].農業氣象,38(3):279-285.

胡德奎,张婷华,朱宝文,2017.我国日光温室气候适宜性区划研究与展望[J].青海农林科技(2):45-50.

江小昷,丁为民,罗卫红,等,2006.南方现代温室能耗预测模型的建立和分析[J].南京农业大学学报,29(1):
　　116-120.

亢树华,孙玉书,吴学恩,1987.地热温室结构和加热保温设备的研究[J].辽宁农业科学(03):28-32.

刘建禹,翟国勋,鄂佐星,等,2001.日光温室供暖耗热量的度日计算法[J].农村能源,99(5):35-37.

马承伟,1985.塑料大棚地下热交换系统的研究[J].农业工程学报(01):54-65.

马承伟,黄之栋,穆丽君,1999.连栋温室地中热交换系统贮热加温的试验[J].农业工程学报(02):166-170.

孟生旺,1992.用主成分分析法进行多指标综合评价应注意的问题[J].统计研究(4):67-68.

内岛善兵卫,1979.温室加温必须的热量和必须的最大换气量的计算[Z].日本蔬菜温室生产经验:12-23.

聂和民,1990.我国北方日光温室的结构与建造[J].农村实用工程技术(04):2-3,14.

齐玉春,1998.我国东部淮河以北地区节能型日光温室蔬菜生产的气候区划风险初探[D].北京:中国农业
　　大学.

邱建军,1995.温室保温覆着材料传热系数的测定[D].北京:北京农业大学.

三原義秋,1978.日照を考慮した温室暖房でグリアワーの算定法について[J].農業氣象,34(2):83-85.

隋红建,曾德超,陈发祖,1992a.不同覆盖条件对土壤水热分布影响的计算机模拟Ⅰ——数学模型[J].地理学
　　报(01):74-79.

隋红建,曾德超,陈发祖,1992b.不同覆盖条件对土壤水热分布影响的计算机模拟Ⅱ——有限元分析及应用
　　[J].地理学报(02):181-187.

孙忠富,1996.温室微气候:光环境数值模拟与实验研究[D].北京:中国农业大学.

王树忠,黄自兴,1990.北京冬季节能型日光温室生产试验初报[J].蔬菜(05):4-7

罔田益己,1977.温房負荷に関する研究[D].東京:東京大学農学部農業工学科.

翁笃鸣,1981.小气候和农田小气候[M].北京:农业出版社.

吴静怡,金鼎,王如竹,2001.蔬菜温室各种供热系统的经济性分析[J].上海农业学报,17(2):22-26.

吴文丽,2014.中国不同类型温室生态系统能耗现状及节能潜力情景分析[D].南京:南京农业大学.

小仓佑幸,1982.无加温温室纯放射地热流测定实例[J].农业气象(日):303-308.

徐师华,2000.西北干旱农业气候区发展设施农业浅析//发展中的中国工厂化农业.工厂化农业可持续发展研讨会论文集[C].北京:北京出版社.

杨晓光,陈端生,郑海山,1994.日光温室气象环境综合研究(四)——日光温室地温场模拟初探[J].农业工程学报(01):150-156.

姚益平,2010.基于能耗与作物生产潜力的中国温室气候区划[D].南京:南京农业大学.

姚益平,苏高利,罗卫红,等,2011.基于光热资源的中国温室气候区划与能耗估算系统建立[J].中国农业科学,44(5):898-908.

张纪增,1991.日光温室栽培区的划分[J].农村实用工程技术(3):12.

张明洁,赵艳霞,2013.北方地区日光温室气候适宜性区划方法[J].应用气象学报,24(3):278-286.

张旭,2015.基于CFD方法的农业温室环境测控系统研究与实现[D].哈尔滨:黑龙江大学.

张亚红,陈青云,2006.中国温室气候区划及评述[J].农业工程学报,22(11):197-202.

张玉鑫,王志伟,赵鹏,2013.甘肃省日光温室蔬菜生产气候区划研究[J].中国农业资源与气候区划,34(6):169-175.

张真和,1995.高效节能日光温室园艺——蔬菜果树花卉栽培新技术[M].北京:中国农业出版社.

张真和,李健伟,1996.优化日光温室结构性能的途径和措施(下)[J].农村实用工程技术(09):12.

赵江武,2016.温室能耗与作物产量预测研究及Android监测系统设计[D].杭州:浙江工业大学.

Bristow K L,Cambpell G S,1986. Simulation of heat and moisture transfer a surface-soil system[J]. Agri and Forest Meteoro (1):193-214.

Businger J A,1963. The glasshome climate,physics of plant Environment North-Holland[Z]. Amsterdam:227-318.

Garzoli K V,1989. Climate limitations on the performance of self-contained solar greenhouse[J]. Acta Horticultural,257:11-15.

IdoSeginer,Bryan M Jenkins,1987. Temperature exposure of greenhouses from monthly means of daily maximum and minimum temperatures[J]. Journal of Agricultural Engineering Research,37(3):191-208.

T. Hölscher,1990. Influence of thermal storage effects of the soil on greenhouse heat consumption[J]. Acta Horticultural,248:415-422.

附　　录

附录1

全国 202 个站点各月采暖度时

序号	站名	省名	1月平均 夜度时	1月平均 日度时	2月平均 夜度时	2月平均 日度时	3月平均 夜度时	3月平均 日度时	4月平均 夜度时	4月平均 日度时	10月平均 夜度时	10月平均 日度时	11月平均 夜度时	11月平均 日度时	12月平均 夜度时	12月平均 日度时
1	北京	北京	328	233	287	202	201	137	91	53	96	62	211	150	295	213
2	天津	天津	319	231	281	201	191	135	80	49	79	55	196	144	285	210
3	石家庄	河北	303	216	261	185	176	120	71	40	78	48	189	133	272	196
4	怀来	河北	378	265	335	229	243	159	125	69	137	84	254	177	345	245
5	承德	河北	403	277	348	235	248	161	126	69	144	85	268	182	370	257
6	乐亭	河北	357	248	318	220	229	157	122	77	107	68	223	156	315	224
7	大同	山西	431	292	379	252	281	183	170	96	175	108	296	198	397	271
8	原平	山西	388	259	332	222	241	156	135	71	150	89	262	175	358	241
9	太原	山西	360	240	309	204	225	144	123	63	139	81	240	161	330	224
10	介休	山西	341	231	297	199	214	137	115	59	130	75	228	153	309	214
11	运城	山西	288	204	240	168	164	110	71	38	74	50	181	127	267	189
12	图里河	内蒙古	689	460	635	403	506	311	311	192	330	208	517	342	647	438
13	海拉尔	内蒙古	628	445	576	397	436	296	254	168	270	181	443	311	577	412
14	博克图	内蒙古	557	404	510	359	409	280	266	174	278	186	424	302	523	381
15	阿尔山	内蒙古	634	436	586	394	467	309	293	189	303	195	458	311	581	401
16	东乌珠穆沁旗	内蒙古	570	395	522	352	394	260	240	143	249	158	403	276	520	364
17	二连浩特	内蒙古	530	363	470	311	343	218	206	117	217	133	363	244	485	335
18	巴音毛道	内蒙古	434	292	382	252	285	182	167	94	183	111	308	203	403	273
19	阿巴嘎旗	内蒙古	575	398	521	351	386	254	233	140	247	157	400	273	528	368
20	海力素	内蒙古	462	322	408	280	310	208	192	121	201	134	331	231	430	303
21	朱日和	内蒙古	474	331	428	291	322	212	194	117	198	127	331	227	434	304
22	乌拉特后旗	内蒙古	471	324	414	279	310	203	192	114	206	131	336	228	438	304
23	达尔罕联合旗	内蒙古	484	325	436	287	330	214	209	124	216	136	343	230	445	303
24	化德	内蒙古	487	344	442	307	345	235	223	144	226	152	355	248	452	320
25	呼和浩特	内蒙古	439	305	381	260	278	186	169	98	184	116	303	210	406	285
26	吉兰太	内蒙古	417	276	360	231	258	157	141	69	158	88	283	182	382	256
27	鄂托克旗	内蒙古	424	283	372	247	274	179	167	97	179	111	296	194	391	263
28	西乌珠穆沁旗	内蒙古	540	381	501	344	384	259	236	148	246	158	386	268	494	350
29	扎鲁特旗	内蒙古	448	317	401	278	301	202	169	101	181	115	318	221	414	294

续表

序号	站名	省名	1月平均 夜度时	1月平均 日度时	2月平均 夜度时	2月平均 日度时	3月平均 夜度时	3月平均 日度时	4月平均 夜度时	4月平均 日度时	10月平均 夜度时	10月平均 日度时	11月平均 夜度时	11月平均 日度时	12月平均 夜度时	12月平均 日度时
30	巴林左旗	内蒙古	472	320	430	284	332	212	197	112	207	122	341	226	436	297
31	锡林浩特	内蒙古	538	375	490	333	367	243	220	132	231	146	374	256	490	344
32	林西	内蒙古	468	327	432	295	332	224	197	123	204	130	334	232	429	303
33	通辽	内蒙古	467	323	412	280	299	200	166	101	176	111	315	218	427	299
34	多伦	内蒙古	517	356	468	315	355	235	226	139	234	147	362	246	470	326
35	赤峰	内蒙古	427	291	384	256	286	187	158	93	167	102	293	198	387	266
36	彰武	辽宁	444	308	391	267	281	190	158	97	159	101	294	204	402	281
37	朝阳	辽宁	421	280	371	242	265	167	132	72	148	84	274	181	377	254
38	锦州	辽宁	386	275	144	102	247	172	133	88	123	81	248	176	346	248
39	沈阳	辽宁	431	301	376	262	262	184	143	91	146	97	271	194	380	270
40	营口	辽宁	395	283	350	251	250	183	132	97	123	88	245	181	345	253
41	本溪	辽宁	440	305	383	266	269	189	147	97	151	99	276	195	387	273
42	丹东	辽宁	375	272	332	239	247	178	152	106	121	83	233	171	334	246
43	大连	辽宁	321	247	296	229	221	173	127	101	75	69	185	147	274	213
44	前郭尔罗斯	吉林	503	354	441	305	318	218	179	115	186	127	333	238	456	326
45	四平	吉林	464	327	411	285	292	202	162	103	171	113	304	217	415	296
46	长春	吉林	486	347	428	302	310	216	176	114	181	124	323	233	438	316
47	延吉	吉林	471	322	419	281	310	203	191	111	191	115	316	216	430	298
48	临江	吉林	496	339	428	286	298	201	179	107	185	114	309	215	442	310
49	漠河	黑龙江	698	476	633	402	505	304	295	185	328	209	545	366	676	469
50	呼玛	黑龙江	643	450	566	378	431	282	251	165	273	185	469	329	611	434
51	嫩江	黑龙江	622	430	555	370	407	269	238	150	257	170	441	305	581	406
52	孙吴	黑龙江	625	420	565	366	432	277	253	160	271	175	452	305	587	401
53	克山	黑龙江	585	415	518	359	375	256	218	143	232	160	401	286	539	388
54	齐齐哈尔	黑龙江	538	378	470	322	342	230	201	127	209	143	368	262	496	352
55	海伦	黑龙江	581	416	514	359	369	256	214	142	226	159	394	283	535	387
56	富锦	黑龙江	546	392	488	342	359	250	206	140	204	146	367	267	504	367
57	安达	黑龙江	547	380	481	327	349	232	203	126	209	141	369	260	501	354
58	哈尔滨	黑龙江	539	377	477	327	336	230	192	121	203	138	353	252	487	346
59	通河	黑龙江	578	397	514	345	366	244	211	133	221	146	382	266	525	367
60	尚志	黑龙江	561	379	508	334	361	240	209	130	221	141	369	255	507	349
61	鸡西	黑龙江	504	359	449	315	333	231	197	128	200	134	344	245	464	334
62	牡丹江	黑龙江	519	361	454	310	329	224	191	121	201	131	343	241	471	333
63	绥芬河	黑龙江	509	359	461	322	354	243	221	145	221	144	356	250	465	331
64	上海	上海	199	164	180	147	136	117	60	56	4	18	79	73	158	131

序号	站名	省名	1月平均 夜度时	1月平均 日度时	2月平均 夜度时	2月平均 日度时	3月平均 夜度时	3月平均 日度时	4月平均 夜度时	4月平均 日度时	10月平均 夜度时	10月平均 日度时	11月平均 夜度时	11月平均 日度时	12月平均 夜度时	12月平均 日度时
65	徐州	江苏	264	196	234	171	165	117	70	44	56	37	154	110	236	172
66	赣榆	江苏	272	203	247	183	183	135	93	66	56	42	155	114	241	178
67	南京	江苏	234	177	210	159	150	114	64	47	33	27	127	92	208	150
68	东台	江苏	240	183	222	169	167	126	85	62	37	31	126	95	209	156
69	杭州	浙江	205	164	186	150	133	109	48	42	14	19	95	78	172	135
70	定海	浙江	182	149	177	144	136	114	67	61	4	14	68	65	146	119
71	衢州	浙江	190	150	169	135	116	96	32	32	11	11	87	68	164	123
72	温州	浙江	152	123	145	120	104	91	36	39	1	0	50	46	122	95
73	亳州	安徽	261	190	229	165	161	113	67	40	55	34	151	105	233	168
74	蚌埠	安徽	242	182	216	162	152	112	57	40	36	28	131	96	212	156
75	霍山	安徽	233	172	208	154	146	108	54	36	45	30	133	91	208	146
76	合肥	安徽	230	178	204	159	141	111	50	41	30	27	121	92	199	151
77	安庆	安徽	209	168	185	150	127	107	37	39	14	22	99	84	177	141
78	南平	福建	127	100	109	90	60	53	7	4	0	0	43	36	110	82
79	福州	福建	109	93	108	93	73	65	13	15	3	0	17	25	80	69
80	永安	福建	129	97	107	84	55	45	5	0	2	0	50	37	116	82
81	厦门	福建	85	75	85	77	56	55	6	13	10	0	5	11	56	53
82	吉安	江西	173	142	149	125	95	84	12	20	3	0	72	60	146	113
83	赣州	江西	149	121	126	107	73	68	4	6	0	0	52	45	123	96
84	景德镇	江西	192	146	166	128	111	88	29	26	12	3	91	64	166	117
85	南昌	江西	190	155	166	139	111	97	23	32	5	8	80	69	157	125
86	南城	江西	181	145	157	128	101	86	17	22	8	7	81	65	155	118
87	成山头	山东	269	220	263	215	214	178	146	126	40	55	138	123	226	187
88	济南	山东	275	208	240	178	158	116	51	35	49	39	155	118	243	185
89	潍坊	山东	312	220	281	195	202	133	101	56	79	47	186	127	275	195
90	兖州	山东	290	205	256	178	180	120	85	48	75	43	178	121	263	185
91	安阳	河南	284	206	244	173	166	115	64	38	68	42	175	122	255	184
92	卢氏	河南	284	195	249	170	181	119	89	46	93	56	182	120	260	176
93	郑州	河南	271	194	236	166	166	113	69	38	66	39	164	112	244	172
94	驻马店	河南	253	185	223	161	160	113	66	41	51	34	144	103	223	161
95	信阳	河南	237	179	209	157	146	110	49	37	44	34	131	96	205	153
96	老河口	湖北	234	173	206	150	144	103	53	34	39	30	128	93	206	149
97	鄂西	湖北	192	159	171	140	117	96	39	33	26	30	98	85	167	139
98	宜昌	湖北	197	158	172	138	117	95	30	28	18	21	93	79	165	132
99	武汉	湖北	215	166	187	145	126	101	37	33	23	21	109	83	185	139

续表

序号	站名	省名	1月平均 夜度时	1月平均 日度时	2月平均 夜度时	2月平均 日度时	3月平均 夜度时	3月平均 日度时	4月平均 夜度时	4月平均 日度时	10月平均 夜度时	10月平均 日度时	11月平均 夜度时	11月平均 日度时	12月平均 夜度时	12月平均 日度时
100	常德	湖南	199	160	174	143	120	102	30	33	16	22	92	79	164	131
101	长沙	湖南	201	158	179	146	115	97	29	33	16	17	93	75	173	134
102	芷江	湖南	194	157	171	141	117	98	34	33	22	22	93	76	163	128
103	零陵	湖南	178	151	156	136	102	93	18	28	7	12	76	69	145	120
104	韶关	广东	121	97	99	86	51	54	0	0	0	0	33	25	99	71
105	广州	广东	75	63	60	59	15	27	4	0	12	0	6	3	54	43
106	河源	广东	88	68	70	62	23	29	1	0	5	0	13	7	67	49
107	汕尾	广东	57	55	49	54	13	27	4	0	20	0	1	−3	36	36
108	阳江	广东	55	51	43	50	5	21	14	0	15	0	3	−2	37	34
109	海口	海南	14	32	5	19	2	0	32	0	54	0	9	−10	0	21
110	东方	海南	7	13	2	7	5	0	48	0	45	0	6	0	0	2
111	琼海	海南	9	18	1	6	6	0	36	0	35	0	4	0	0	12
112	桂林	广西	151	128	130	114	81	78	8	17	1	0	50	45	118	94
113	河池	广西	109	98	88	84	39	45	0	0	1	0	22	25	80	68
114	百色	广西	77	65	53	46	9	3	3	0	2	0	13	7	60	43
115	桂平	广西	87	81	71	74	25	41	3	0	9	0	9	10	59	53
116	梧州	广西	99	78	81	70	32	35	0	0	1	0	20	10	75	53
117	龙州	广西	67	62	46	49	6	14	8	0	4	0	8	1	49	36
118	南宁	广西	83	75	64	64	17	28	4	0	7	0	10	7	57	47
119	钦州	广西	73	68	57	61	11	27	11	0	13	0	5	2	45	40
120	甘孜	四川	346	214	300	187	244	150	196	115	179	109	271	164	338	209
121	马尔康	四川	286	164	243	135	192	101	144	69	141	77	220	120	282	163
122	松潘	四川	333	202	296	180	237	144	185	110	172	112	253	155	317	191
123	理塘	四川	317	219	338	213	285	181	236	149	202	133	296	184	308	212
124	成都	四川	187	151	159	131	106	87	36	31	23	37	93	85	164	136
125	九龙	四川	271	152	242	134	198	102	154	76	130	82	206	120	261	149
126	宜宾	四川	151	135	128	116	73	69	11	15	7	26	64	71	129	120
127	西昌	四川	143	90	112	65	59	23	23	0	30	28	85	60	136	91
128	会理	四川	143	90	112	65	59	23	23	0	30	28	85	60	136	91
129	万源	四川	212	162	189	144	136	102	61	41	53	46	125	97	189	146
130	南充	四川	172	149	144	125	89	80	21	24	14	31	81	81	150	134
131	重庆沙坪坝	重庆	151	136	127	116	72	69	11	17	6	23	64	71	129	122
132	酉阳	重庆	207	168	188	155	136	114	57	50	43	43	111	94	176	141
133	毕节	贵州	220	178	200	160	140	106	77	59	72	66	134	110	194	155
134	遵义	贵州	195	164	175	147	118	99	44	40	36	41	102	92	167	140

续表

序号	站名	省名	1月平均		2月平均		3月平均		4月平均		10月平均		11月平均		12月平均	
			夜度时	日度时	夜度时	日度时	夜度时	日度时	夜度时	日度时	夜度时	日度时	夜度时	日度时	夜度时	日度时
135	贵阳	贵州	190	155	170	138	110	87	40	37	36	40	99	86	158	129
136	兴义	贵州	174	138	151	118	92	68	34	26	40	42	98	83	151	119
137	德钦	云南	301	214	286	207	250	182	207	149	170	123	235	166	280	198
138	丽江	云南	199	123	172	109	135	84	93	55	85	54	148	89	194	116
139	腾冲	云南	171	98	150	84	106	50	60	27	34	24	97	59	152	88
140	楚雄	云南	166	93	139	73	91	38	41	8	37	29	102	65	158	94
141	昆明	云南	167	104	146	86	104	52	55	21	50	43	108	76	160	104
142	临沧	云南	123	63	98	45	55	13	23	0	13	9	63	40	115	64
143	澜沧	云南	92	28	74	10	42	0	13	0	1	0	27	8	75	31
144	思茅	云南	100	52	82	32	44	0	15	0	5	2	42	32	90	57
145	蒙自	云南	98	64	70	42	26	3	3	0	12	9	53	39	99	66
146	安多	西藏	495	324	460	301	395	254	325	210	302	204	415	270	479	311
147	狮泉河	西藏	472	309	441	290	375	245	307	191	302	183	392	243	455	290
148	改则	西藏	488	304	451	281	385	237	316	188	303	184	409	247	479	294
149	定日	西藏	409	241	381	225	330	191	268	152	245	139	335	192	390	226
150	日喀则	西藏	352	207	310	183	250	146	193	108	198	105	289	160	342	198
151	班戈	西藏	443	302	415	285	357	245	302	205	280	192	375	254	429	289
152	帕里	西藏	419	258	394	250	338	220	277	186	267	176	345	212	398	239
153	林芝	西藏	268	175	239	160	193	126	152	93	128	82	203	125	256	162
154	昌都	西藏	322	188	284	167	226	132	175	98	165	89	255	142	314	180
155	那曲	西藏	474	298	437	278	375	235	308	194	281	183	387	246	458	287
156	拉萨	西藏	312	191	272	169	221	134	172	101	162	91	244	143	301	183
157	榆林	陕西	415	272	352	231	248	160	145	78	160	96	273	180	378	251
158	延安	陕西	352	236	301	201	213	138	116	59	133	81	232	153	321	217
159	西安	陕西	270	200	229	166	160	112	72	44	75	55	173	127	251	185
160	汉中	陕西	230	178	198	152	140	107	60	43	56	54	142	115	214	166
161	敦煌	甘肃	400	266	336	213	232	136	125	53	169	80	272	175	369	251
162	玉门镇	甘肃	416	284	366	242	270	170	163	88	185	109	295	198	385	266
163	酒泉	甘肃	407	274	355	236	259	167	153	86	177	106	285	191	377	257
164	民勤	甘肃	404	266	353	228	256	159	148	77	171	97	281	181	372	247
165	乌鞘岭	甘肃	438	307	418	293	354	251	270	191	262	189	349	245	409	287
166	兰州	甘肃	345	238	287	195	199	133	112	62	135	87	234	159	323	225
167	平凉	甘肃	337	233	297	208	222	153	136	82	149	102	238	164	311	217
168	合作	甘肃	422	258	377	233	298	190	231	143	224	147	317	198	396	240
169	武都	甘肃	223	168	186	141	125	94	51	34	58	52	133	102	208	155

续表

序号	站名	省名	1月平均		2月平均		3月平均		4月平均		10月平均		11月平均		12月平均	
			夜度时	日度时	夜度时	日度时	夜度时	日度时	夜度时	日度时	夜度时	日度时	夜度时	日度时	夜度时	日度时
170	天水	甘肃	296	214	255	183	186	130	103	62	114	84	202	145	277	200
171	冷湖	青海	469	298	419	259	339	202	251	137	269	151	380	230	455	286
172	大柴旦	青海	478	307	423	270	340	216	259	158	273	166	376	238	447	286
173	刚察	青海	471	314	428	282	353	231	272	177	268	179	366	241	433	286
174	格尔木	青海	409	272	356	231	277	175	195	116	211	131	318	205	391	260
175	都兰	青海	410	281	366	251	295	201	225	147	232	154	325	220	388	265
176	西宁	青海	381	247	333	217	250	163	169	101	180	117	276	180	355	232
177	同德	青海	479	286	422	252	340	201	266	153	270	163	387	227	458	269
178	托托河	青海	527	337	489	312	420	263	349	215	335	216	459	289	515	327
179	曲麻莱	青海	492	317	448	290	379	244	312	198	301	198	419	266	481	306
180	玉树	青海	394	247	349	221	282	177	230	139	220	136	318	196	383	238
181	玛多	青海	524	343	476	313	398	264	324	214	311	216	435	288	505	331
182	达日	青海	466	298	422	274	346	231	278	188	269	183	379	246	455	289
183	银川	宁夏	391	265	335	223	237	153	136	73	153	92	253	176	351	245
184	盐池	宁夏	393	262	343	226	248	161	147	83	159	98	268	175	359	241
185	阿勒泰	新疆	498	348	469	324	364	253	173	115	193	132	339	243	454	321
186	富蕴	新疆	560	380	520	342	382	252	183	110	210	129	365	249	506	348
187	和布克赛尔	新疆	443	313	417	292	335	234	205	134	227	154	341	243	412	294
188	克拉玛依	新疆	485	358	436	319	274	200	97	64	135	101	285	219	420	319
189	精河	新疆	488	349	433	307	272	193	116	64	161	103	282	211	410	305
190	奇台	新疆	516	347	478	317	326	221	153	85	188	113	329	227	462	316
191	伊宁	新疆	410	278	373	254	240	164	111	56	150	82	245	167	341	239
192	乌鲁木齐	新疆	449	325	416	301	293	219	134	89	165	117	300	225	404	296
193	吐鲁番	新疆	381	273	287	195	154	95	27	0	92	43	234	159	351	256
194	库车	新疆	376	265	297	209	184	126	73	41	122	69	236	163	343	245
195	喀什	新疆	352	249	292	202	180	120	76	36	124	63	227	150	320	231
196	巴楚	新疆	370	249	299	195	178	111	66	23	120	56	241	150	342	232
197	铁干里克	新疆	409	262	335	204	215	119	92	29	145	62	267	162	374	245
198	若羌	新疆	382	261	310	200	199	113	83	22	137	58	252	159	353	244
199	莎车	新疆	356	247	287	197	178	114	71	30	129	63	232	150	324	232
200	和田	新疆	338	242	272	192	162	107	55	23	110	57	216	144	312	224
201	安德河	新疆	411	262	336	205	209	113	91	26	169	67	282	160	386	245
202	哈密	新疆	423	288	342	223	227	137	109	48	150	76	273	181	384	269

附录 2

全国 202 站点玻璃温室和薄膜温室的最大热负荷

序号	站名	省名	单层玻璃＋镀铝薄膜保温幕				单层塑料＋镀铝薄膜保温幕			
			传热热损失 /W	冷风渗透 /W	最大热负荷 /W	最大热负荷 /W·m⁻²	传热热损失 /W	冷风渗透 /W	最大热负荷 /W	最大热负荷 /W·m⁻²
1	北京	北京	700432	202234	902666	176	719432	220513	939946	181
2	天津	天津	674490	194001	868491	170	692787	211536	904322	174
3	石家庄	河北	700432	202234	902666	176	719432	220513	939946	181
4	怀来	河北	830141	244367	1074508	210	852661	266454	1119114	216
5	承德	河北	830141	244367	1074508	210	852661	266454	1119114	216
6	乐亭	河北	778257	227318	1005575	196	799369	247864	1047233	202
7	大同	山西	1024970	279276	1304246	255	1058558	304518	1363076	263
8	原平	山西	856083	252991	1109074	217	879306	275858	1155164	223
9	太原	山西	778257	227318	1005575	196	799369	247864	1047233	202
10	介休	山西	778257	227318	1005575	196	799369	247864	1047233	202
11	运城	山西	674490	194001	868491	170	692787	211536	904322	174
12	图里河	内蒙古	1711519	461465	2172984	424	1776421	503174	2279595	440
13	海拉尔	内蒙古	1618164	430748	2048911	400	1679525	469681	2149206	415
14	博克图	内蒙古	1431452	371599	1803051	352	1485734	405186	1890919	365
15	阿尔山	内蒙古	1680401	451138	2131539	416	1744122	491914	2236036	431
16	东乌珠穆沁旗	内蒙古	1024970	279276	1304246	255	1058558	304518	1363076	263
17	二连浩特	内蒙古	1400334	362024	1762358	344	1453435	394746	1848181	357
18	巴音毛道	内蒙古	1081913	297150	1379063	269	1117366	324007	1441374	278
19	阿巴嘎旗	内蒙古	1462571	381252	1843823	360	1518032	415712	1933744	373
20	海力素	内蒙古	1195799	333769	1529568	299	1234984	363937	1598920	308
21	朱日和	内蒙古	1167327	324503	1491830	291	1205580	353833	1559413	301
22	乌拉特后旗	内蒙古	1167327	324503	1491830	291	1205580	353833	1559413	301
23	达尔罕联合旗	内蒙古	1400334	362024	1762358	344	1453435	394746	1848181	357
24	化德	内蒙古	1224270	343111	1567381	306	1264388	374122	1638511	316
25	呼和浩特	内蒙古	1110384	306194	1416579	277	1146771	333869	1480640	286
26	吉兰太	内蒙古	1081913	297150	1379063	269	1117366	324007	1441374	278
27	鄂托克旗	内蒙古	1081913	297150	1379063	269	1117366	324007	1441374	278
28	西乌珠穆沁旗	内蒙古	1400334	362024	1762358	344	1453435	394746	1848181	357
29	扎鲁特旗	内蒙古	1081913	297150	1379063	269	1117366	324007	1441374	278
30	巴林左旗	内蒙古	1081913	297150	1379063	269	1117366	324007	1441374	278
31	锡林浩特	内蒙古	1252741	352529	1605270	314	1293793	384392	1678185	324
32	林西	内蒙古	1110384	306194	1416579	277	1146771	333869	1480640	286
33	通辽	内蒙古	1138856	315312	1454168	284	1176175	343811	1519986	293

续表

序号	站名	省名	单层玻璃＋镀铝薄膜保温幕				单层塑料＋镀铝薄膜保温幕			
			传热热损失 /W	冷风渗透 /W	最大热负荷 /W	最大热负荷 /W·m^{-2}	传热热损失 /W	冷风渗透 /W	最大热负荷 /W	最大热负荷 /W·m^{-2}
34	多伦	内蒙古	1252741	352529	1605270	314	1293793	384392	1678185	324
35	赤峰	内蒙古	1024970	279276	1304246	255	1058558	304518	1363076	263
36	彰武	辽宁	1053442	288177	1341619	262	1087962	314224	1402186	270
37	朝阳	辽宁	1024970	279276	1304246	255	1058558	304518	1363076	263
38	锦州	辽宁	856083	252991	1109074	217	879306	275858	1155164	223
39	沈阳	辽宁	1053442	288177	1341619	262	1087962	314224	1402186	270
40	营口	辽宁	1024970	279276	1304246	255	1058558	304518	1363076	263
41	本溪	辽宁	1138856	315312	1454168	284	1176175	343811	1519986	293
42	丹东	辽宁	882025	261684	1143709	223	905952	285336	1191288	230
43	大连	辽宁	778257	227318	1005575	196	799369	247864	1047233	202
44	前郭尔罗斯	吉林	1224270	343111	1567381	306	1264388	374122	1638511	316
45	四平	吉林	1167327	324503	1491830	291	1205580	353833	1559413	301
46	长春	吉林	1167327	324503	1491830	291	1205580	353833	1559413	301
47	延吉	吉林	1081913	297150	1379063	269	1117366	324007	1441374	278
48	临江	吉林	1167327	324503	1491830	291	1205580	353833	1559413	301
49	漠河	黑龙江	1835993	503673	2339666	457	1905615	549197	2454812	474
50	呼玛	黑龙江	1773756	482386	2256142	441	1841018	525986	2367004	457
51	嫩江	黑龙江	1649282	440900	2090182	408	1711824	480750	2192574	423
52	孙吴	黑龙江	1680401	451138	2131539	416	1744122	491914	2236036	431
53	克山	黑龙江	1493689	390986	1884676	368	1550331	426326	1976657	381
54	齐齐哈尔	黑龙江	1431452	371599	1803051	352	1485734	405186	1890919	365
55	海伦	黑龙江	1524808	400802	1925610	376	1582630	437028	2019658	390
56	富锦	黑龙江	1431452	371599	1803051	352	1485734	405186	1890919	365
57	安达	黑龙江	1431452	371599	1803051	352	1485734	405186	1890919	365
58	哈尔滨	黑龙江	1400334	362024	1762358	344	1453435	394746	1848181	357
59	通河	黑龙江	1462571	381252	1843823	360	1518032	415712	1933744	373
60	尚志	黑龙江	1462571	381252	1843823	360	1518032	415712	1933744	373
61	鸡西	黑龙江	1195799	333769	1529568	299	1234984	363937	1598920	308
62	牡丹江	黑龙江	1224270	343111	1567381	306	1264388	374122	1638511	316
63	绥芬河	黑龙江	1224270	343111	1567381	306	1264388	374122	1638511	316
64	上海	上海	447072	138081	585152	114	456425	150561	606986	117
65	徐州	江苏	564722	177721	742443	145	576536	193784	770321	149
66	赣榆	江苏	564722	177721	742443	145	576536	193784	770321	149

序号	站名	省名	单层玻璃＋镀铝薄膜保温幕				单层塑料＋镀铝薄膜保温幕			
			传热热损失 /W	冷风渗透 /W	最大热负荷 /W	最大热负荷 /W·m⁻²	传热热损失 /W	冷风渗透 /W	最大热负荷 /W	最大热负荷 /W·m⁻²
67	南京	江苏	517662	161686	679348	133	528492	176300	704792	136
68	东台	江苏	517662	161686	679348	133	528492	176300	704792	136
69	杭州	浙江	447072	138081	585152	114	456425	150561	606986	117
70	定海	浙江	423541	130329	553870	108	432402	142109	574511	111
71	衢州	浙江	447072	138081	585152	114	456425	150561	606986	117
72	温州	浙江	352951	107414	460365	90	360335	117122	477458	92
73	亳州	安徽	648548	185830	834378	163	666141	202626	868767	168
74	蚌埠	安徽	541192	169673	710865	139	552514	185009	737523	142
75	霍山	安徽	541192	169673	710865	139	552514	185009	737523	142
76	合肥	安徽	517662	161686	679348	133	528492	176300	704792	136
77	安庆	安徽	470602	145890	616492	120	480447	159077	639524	123
78	南平	福建	352951	107414	460365	90	360335	117122	477458	92
79	福州	福建	305891	92415	398306	78	312291	100768	413058	80
80	永安	福建	352951	107414	460365	90	360335	117122	477458	92
81	厦门	福建	235301	70321	305622	60	240224	76677	316901	61
82	吉安	江西	423541	130329	553870	108	432402	142109	574511	111
83	赣州	江西	376481	114996	491477	96	384358	125390	509747	98
84	景德镇	江西	447072	138081	585152	114	456425	150561	606986	117
85	南昌	江西	447072	138081	585152	114	456425	150561	606986	117
86	南城	江西	470602	145890	616492	120	480447	159077	639524	123
87	成山头	山东	648548	185830	834378	163	666141	202626	868767	168
88	济南	山东	648548	185830	834378	163	666141	202626	868767	168
89	潍坊	山东	700432	202234	902666	176	719432	220513	939946	181
90	兖州	山东	648548	185830	834378	163	666141	202626	868767	168
91	安阳	河南	564722	177721	742443	145	576536	193784	770321	149
92	卢氏	河南	700432	202234	902666	176	719432	220513	939946	181
93	郑州	河南	564722	177721	742443	145	576536	193784	770321	149
94	驻马店	河南	541192	169673	710865	139	552514	185009	737523	142
95	信阳	河南	541192	169673	710865	139	552514	185009	737523	142
96	老河口	湖北	648548	185830	834378	163	666141	202626	868767	168
97	鄂西	湖北	494132	153759	647890	127	504469	167656	672126	130
98	宜昌	湖北	470602	145890	616492	120	480447	159077	639524	123
99	武汉	湖北	541192	169673	710865	139	552514	185009	737523	142

序号	站名	省名	单层玻璃＋镀铝薄膜保温幕				单层塑料＋镀铝薄膜保温幕			
			传热热损失/W	冷风渗透/W	最大热负荷/W	最大热负荷/W·m⁻²	传热热损失/W	冷风渗透/W	最大热负荷/W	最大热负荷/W·m⁻²
100	常德	湖南	494132	153759	647890	127	504469	167656	672126	130
101	长沙	湖南	470602	145890	616492	120	480447	159077	639524	123
102	芷江	湖南	470602	145890	616492	120	480447	159077	639524	123
103	零陵	湖南	447072	138081	585152	114	456425	150561	606986	117
104	韶关	广东	329421	99887	429308	84	336313	108915	445228	86
105	广州	广东	258831	77633	336464	66	264246	84649	348895	67
106	河源	广东	282361	84997	367358	72	288268	92679	380948	73
107	汕尾	广东	211771	63062	274833	54	216201	68762	284963	55
108	阳江	广东	211771	63062	274833	54	216201	68762	284963	55
109	海口	海南	164711	48699	213410	42	168156	53101	221258	43
110	东方	海南	117650	34539	152190	30	120112	37661	157773	30
111	琼海	海南	164711	48699	213410	42	168156	53101	221258	43
112	桂林	广西	376481	114996	491477	96	384358	125390	509747	98
113	河池	广西	282361	84997	367358	72	288268	92679	380948	73
114	百色	广西	235301	70321	305622	60	240224	76677	316901	61
115	桂平	广西	282361	84997	367358	72	288268	92679	380948	73
116	梧州	广西	305891	92415	398306	78	312291	100768	413058	80
117	龙州	广西	211771	63062	274833	54	216201	68762	284963	55
118	南宁	广西	282361	84997	367358	72	288268	92679	380948	73
119	钦州	广西	282361	84997	367358	72	288268	92679	380948	73
120	甘孜	四川	830141	244367	1074508	210	852661	266454	1119114	216
121	马尔康	四川	564722	177721	742443	145	576536	193784	770321	149
122	松潘	四川	700432	202234	902666	176	719432	220513	939946	181
123	理塘	四川	1024970	279276	1304246	255	1058558	304518	1363076	263
124	成都	四川	376481	114996	491477	96	384358	125390	509747	98
125	九龙	四川	494132	153759	647890	127	504469	167656	672126	130
126	宜宾	四川	329421	99887	429308	84	336313	108915	445228	86
127	西昌	四川	352951	107414	460365	90	360335	117122	477458	92
128	会理	四川	376481	114996	491477	96	384358	125390	509747	98
129	万源	四川	447072	138081	585152	114	456425	150561	606986	117
130	南充	四川	352951	107414	460365	90	360335	117122	477458	92
131	重庆	重庆	329421	99887	429308	84	336313	108915	445228	86
132	酉阳	重庆	470602	145890	616492	120	480447	159077	639524	123

序号	站名	省名	单层玻璃＋镀铝薄膜保温幕				单层塑料＋镀铝薄膜保温幕			
			传热热损失/W	冷风渗透/W	最大热负荷/W	最大热负荷/W·m⁻²	传热热损失/W	冷风渗透/W	最大热负荷/W	最大热负荷/W·m⁻²
133	毕节	贵州	470602	145890	616492	120	480447	159077	639524	123
134	遵义	贵州	447072	138081	585152	114	456425	150561	606986	117
135	贵阳	贵州	470602	145890	616492	120	480447	159077	639524	123
136	兴义	贵州	400011	122634	522645	102	408380	133718	542098	105
137	德钦	云南	541192	169673	710865	139	552514	185009	737523	142
138	丽江	云南	400011	122634	522645	102	408380	133718	542098	105
139	腾冲	云南	258831	77633	336464	66	264246	84649	348895	67
140	楚雄	云南	352951	107414	460365	90	360335	117122	477458	92
141	昆明	云南	400011	122634	522645	102	408380	133718	542098	105
142	临沧	云南	258831	77633	336464	66	264246	84649	348895	67
143	澜沧	云南	188241	55855	244096	48	192179	60904	253082	49
144	思茅	云南	235301	70321	305622	60	240224	76677	316901	61
145	蒙自	云南	329421	99887	429308	84	336313	108915	445228	86
146	安多	西藏	1224270	343111	1567381	306	1264388	374122	1638511	316
147	狮泉河	西藏	1224270	343111	1567381	306	1264388	374122	1638511	316
148	改则	西藏	1493689	390986	1884676	368	1550331	426326	1976657	381
149	定日	西藏	856083	252991	1109074	217	879306	275858	1155164	223
150	日喀则	西藏	674490	194001	868491	170	692787	211536	904322	174
151	班戈	西藏	648548	185830	834378	163	666141	202626	868767	168
152	帕里	西藏	996499	270445	1266944	247	1029153	294889	1324043	255
153	林芝	西藏	470602	145890	616492	120	480447	159077	639524	123
154	昌都	西藏	700432	202234	902666	176	719432	220513	939946	181
155	那曲	西藏	1224270	343111	1567381	306	1264388	374122	1638511	316
156	拉萨	西藏	648548	185830	834378	163	666141	202626	868767	168
157	榆林	陕西	1024970	279276	1304246	255	1058558	304518	1363076	263
158	延安	陕西	804199	235809	1040008	203	826015	257122	1083137	209
159	西安	陕西	648548	185830	834378	163	666141	202626	868767	168
160	汉中	陕西	470602	145890	616492	120	480447	159077	639524	123
161	敦煌	甘肃	1053442	288177	1341619	262	1087962	314224	1402186	270
162	玉门镇	甘肃	1167327	324503	1491830	291	1205580	353833	1559413	301
163	酒泉	甘肃	1053442	288177	1341619	262	1087962	314224	1402186	270
164	民勤	甘肃	996499	270445	1266944	247	1029153	294889	1324043	255
165	乌鞘岭	甘肃	1110384	306194	1416579	277	1146771	333869	1480640	286
166	兰州	甘肃	752315	218892	971208	190	772724	238677	1011400	195
167	平凉	甘肃	778257	227318	1005575	196	799369	247864	1047233	202

序号	站名	省名	单层玻璃＋镀铝薄膜保温幕				单层塑料＋镀铝薄膜保温幕			
			传热热损失/W	冷风渗透/W	最大热负荷/W	最大热负荷/W·m⁻²	传热热损失/W	冷风渗透/W	最大热负荷/W	最大热负荷/W·m⁻²
168	合作	甘肃	882025	261684	1143709	223	905952	285336	1191288	230
169	武都	甘肃	447072	138081	585152	114	456425	150561	606986	117
170	天水	甘肃	700432	202234	902666	176	719432	220513	939946	181
171	冷湖	青海	1081913	297150	1379063	269	1117366	324007	1441374	278
172	大柴旦	青海	1138856	315312	1454168	284	1176175	343811	1519986	293
173	刚察	青海	1053442	288177	1341619	262	1087962	314224	1402186	270
174	格尔木	青海	856083	252991	1109074	217	879306	275858	1155164	223
175	都兰	青海	882025	261684	1143709	223	905952	285336	1191288	230
176	西宁	青海	856083	252991	1109074	217	879306	275858	1155164	223
177	同德	青海	1195799	333769	1529568	299	1234984	363937	1598920	308
178	托托河	青海	1524808	400802	1925610	376	1582630	437028	2019658	390
179	曲麻莱	青海	1195799	333769	1529568	299	1234984	363937	1598920	308
180	玉树	青海	882025	261684	1143709	223	905952	285336	1191288	230
181	玛多	青海	1555927	410700	1966627	384	1614928	447821	2062749	398
182	达日	青海	1110384	306194	1416579	277	1146771	333869	1480640	286
183	银川	宁夏	996499	270445	1266944	247	1029153	294889	1324043	255
184	盐池	宁夏	996499	270445	1266944	247	1029153	294889	1324043	255
185	阿勒泰	新疆	1524808	400802	1925610	376	1582630	437028	2019658	390
186	富蕴	新疆	1680401	451138	2131539	416	1744122	491914	2236036	431
187	和布克赛尔	新疆	1167327	324503	1491830	291	1205580	353833	1559413	301
188	克拉玛依	新疆	1252741	352529	1605270	314	1293793	384392	1678185	324
189	精河	新疆	1224270	343111	1567381	306	1264388	374122	1638511	316
190	奇台	新疆	1493689	390986	1884676	368	1550331	426326	1976657	381
191	伊宁	新疆	1195799	333769	1529568	299	1234984	363937	1598920	308
192	乌鲁木齐	新疆	1195799	333769	1529568	299	1234984	363937	1598920	308
193	吐鲁番	新疆	996499	270445	1266944	247	1029153	294889	1324043	255
194	库车	新疆	830141	244367	1074508	210	852661	266454	1119114	216
195	喀什	新疆	830141	244367	1074508	210	852661	266454	1119114	216
196	巴楚	新疆	804199	235809	1040008	203	826015	257122	1083137	209
197	铁干里克	新疆	830141	244367	1074508	210	852661	266454	1119114	216
198	若羌	新疆	830141	244367	1074508	210	852661	266454	1119114	216
199	莎车	新疆	804199	235809	1040008	203	826015	257122	1083137	209
200	和田	新疆	804199	235809	1040008	203	826015	257122	1083137	209
201	安德河	新疆	996499	270445	1266944	247	1029153	294889	1324043	255
202	哈密	新疆	1081913	297150	1379063	269	1117366	324007	1441374	278

附录 3　分区过程图

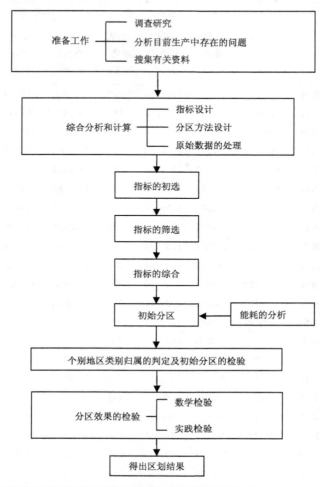

附录 4　节能型日光温室冬春蔬菜生产气候风险分区指标体系

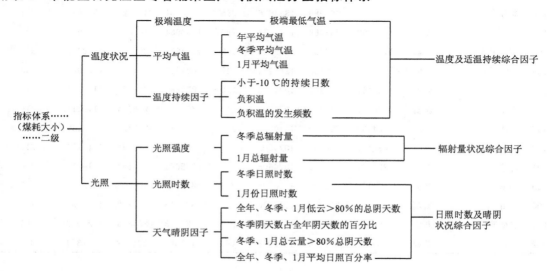

附录 5-1　各站点样本编码与站名对照一览表

样本编码	地区	样本编码	地区	样本编码	地区
1	山东惠民	28	辽宁营口	54	河南西华
2	山东德州	29	辽宁兴城	55	河南南阳
3	山东荣成	30	辽宁岫岩	56	河南驻马店
4	山东寿光	31	辽宁丹东	57	河南固始
5	山东莱阳	32	辽宁大连	58	河南信阳
6	山东淄博	33	北京	59	安徽亳州
7	山东济南	34	天津	60	安徽宿县
8	山东潍坊	35	河北围场	61	安徽蚌埠
9	山东泰山	36	河北丰宁	62	安徽阜阳
10	山东沂源	37	河北承德	63	安徽合肥
11	山东泰安	38	河北张家口	64	江苏徐州
12	山东青岛	39	河北怀来	65	江苏射阳
13	山东莒县	40	河北遵化	66	江苏靖江
14	山东兖州	41	河北蔚县	67	江苏东台
15	山东日照	42	河北乐亭	68	江苏南通
16	山东菏泽	43	河北保定	69	江苏南京
17	山东临沂	44	河北沧州	70	山西大同
18	辽宁彰武	45	河北石家庄	71	山西右玉
19	辽宁阜新	46	河北邢台	72	山西五台山
20	辽宁抚顺	47	河南安阳	73	山西原平
21	辽宁沈阳	48	河南开封	74	山西兴县
22	辽宁朝阳	49	河南郑州	75	山西阳泉
23	辽宁建平	50	河南洛阳	76	山西太原
24	辽宁锦州	51	河南商丘	77	山西介休
25	辽宁鞍山	52	河南卢氏	78	山西阳城
26	辽宁本溪	53	河南栾川	79	山西运城
27	辽宁宽甸				

附录 5-2　各站点主成分 1 得分排序

排序号	样本代码	主成分得分值	排序号	样本代码	主成分得分值	排序号	样本代码	主成分得分值
1	63	−4.0251	28	52	−0.4299	55	36	0.6983
2	57	−2.7858	29	76	−0.3661	56	6	0.7852
3	69	−2.5206	30	51	−0.3417	57	41	0.7852
4	27	−2.4217	31	20	−0.3197	58	37	0.8229
5	26	−2.0169	32	5	−0.2108	59	4	0.8328
6	64	−1.9114	33	59	−0.1483	60	35	0.8376
7	67	−1.8894	34	61	−0.1473	61	1	0.9421
8	72	−1.7892	35	33	−0.1390	62	29	0.9733
9	65	−1.6328	36	8	−0.0996	63	70	1.0952
10	58	−1.5802	37	15	−0.0802	64	19	1.1685
11	68	−1.5658	38	11	−0.0404	65	14	1.2482
12	56	−1.4130	39	44	−0.0069	66	17	1.2602
13	9	−1.2823	40	10	0.0369	67	73	1.2997
14	13	−1.2689	41	2	0.0475	68	47	1.3128
15	60	−1.1219	42	45	0.2047	69	39	1.3774
16	54	−1.0773	43	18	0.2425	70	22	1.5340
17	53	−0.9398	44	21	0.2713	71	77	1.6988
18	55	−0.9364	45	71	0.3291	72	40	1.7665
19	49	−0.8894	46	43	0.3643	73	38	1.8075
20	30	−0.8721	47	25	0.3832	74	24	1.8935
21	31	−0.8132	48	32	0.4508	75	75	1.9044
22	62	−0.7161	49	46	0.5477	76	34	1.9103
23	74	−0.6289	50	12	0.5631	77	23	2.993
24	16	−0.6172	51	48	0.6099	78	78	2.1392
25	3	−0.4932	52	79	0.6163	79	28	2.2717
26	66	−0.4640	53	7	0.6586			
27	50	−0.4600	54	42	0.6782			

附录 5-3　各站点主成分 2 得分值排序

排序号	样本代码	主成分得分值	排序号	样本代码	主成分得分值	排序号	样本代码	主成分得分值
1	72	−4.6761	28	25	−0.2515	55	46	0.7959
2	35	−2.4425	29	75	−0.1603	56	49	0.7970
3	71	−2.3300	30	52	−0.1371	57	33	0.8225
4	26	−2.0014	31	34	−0.1209	58	78	0.9163
5	38	−1.8375	32	73	−0.0918	59	45	0.9727
6	41	−1.7226	33	66	0.0340	60	59	0.9799
7	23	−1.6554	34	65	0.0821	61	79	0.9829
8	36	−1.5686	35	55	0.0915	62	11	0.9845
9	70	−1.5203	36	17	0.1563	63	44	1.0173
10	24	−1.4916	37	32	0.1654	64	10	1.0287
11	21	−1.4325	38	53	0.2082	65	54	1.0638
12	27	−1.4322	39	14	0.2147	66	74	1.1198
13	28	−1.2879	40	9	0.2150	67	76	1.1350
14	19	−1.2810	41	47	0.2902	68	5	1.1491
15	22	−1.2417	42	7	0.3003	69	63	1.2185
16	20	−1.2170	43	48	0.3125	70	4	1.3007
17	18	−1.1316	44	69	0.3487	71	51	1.3103
18	31	−1.0563	45	62	0.3519	72	6	1.3581
19	12	−0.9944	46	42	0.3598	73	50	1.3852
20	58	−0.9357	47	57	0.3707	74	8	1.4212
21	29	−0.8087	48	61	0.4188	75	64	1.5344
22	37	−0.6407	49	77	0.4505	76	2	1.5383
23	39	−0.5291	50	56	0.4698	77	16	1.6760
24	30	−0.3939	51	67	0.4747	78	60	1.7258
25	3	−0.3728	52	1	0.5312	79	13	1.9185
26	15	−0.3342	53	68	0.6133			
27	40	−0.2590	54	43	0.7407			

附录 5-4　各站点主成分 3 得分值排序

排序号	样本代码	主成分得分值	排序号	样本代码	主成分得分值	排序号	样本代码	主成分得分值
1	25	−2.8753	28	1	−0.4425	55	77	0.4042
2	20	−2.7307	29	54	−0.3838	56	55	0.4060
3	48	−2.0980	30	34	−0.3463	57	59	0.4531
4	26	−1.9016	31	64	−0.3192	58	56	0.4833
5	22	−1.3108	32	60	−0.3178	59	57	0.5624
6	30	−1.2741	33	17	−0.2921	60	76	0.5952
7	79	−1.1972	34	65	−0.2876	61	74	0.6018
8	24	−1.1775	35	28	−0.2868	62	37	0.6778
9	6	−1.1616	36	3	−0.2813	63	15	0.7296
10	18	−1.0941	37	46	−0.0907	64	70	0.7825
11	19	−1.0891	38	2	−0.0425	65	10	0.8487
12	68	−1.0219	39	38	−0.0167	66	40	0.8663
13	61	−0.9209	40	43	0.0183	67	52	0.9313
14	21	−0.8781	41	16	0.0307	68	45	1.1703
15	27	−0.8738	42	13	0.0599	69	32	1.1940
16	66	−0.8578	43	11	0.0820	70	41	1.2603
17	50	−0.7420	44	14	0.1626	71	75	1.4029
18	69	−0.6377	45	5	0.2220	72	44	1.4455
19	49	−0.6317	46	4	0.2273	73	58	1.4462
20	23	−0.6165	47	53	0.2857	74	71	1.5904
21	67	−0.6123	48	31	0.2890	75	39	1.6603
22	63	−0.5579	49	7	0.2901	76	33	1.7109
23	35	−0.5469	50	12	0.3558	77	73	1.8243
24	47	−0.5224	51	78	0.3874	78	9	2.2497
25	42	−0.4894	52	51	0.3900	79	72	2.9293
26	62	−0.4476	53	29	0.3949			
27	36	−0.4441	54	8	0.3963			

附录 6　逐步判别分析方法流程

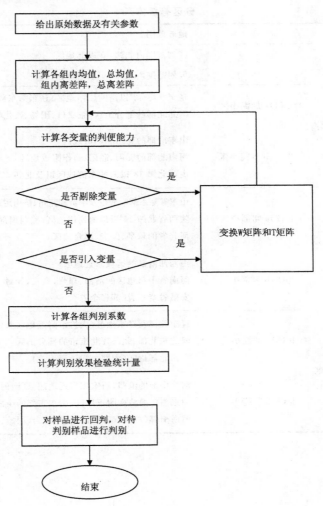

附录 7

分区等级体系

		地域范围
Ⅰ(1)加温区		区划范围内北纬 40°以北地区
Ⅰ(2)非加温区(节能区)		区划范围内北纬 40°以南地区
Ⅱ(1)光照时间较长的多晴天亚区	Ⅱ(1)a 加温小区	辽宁北纬 42°以南的辽西地区;辽东湾东部的营口、熊岳附近地区 河北北部的部分地区(张家口、围场、遵化等地)
	Ⅱ(1)b 节能小区	山东南部的兖州和临沂地区 河南北部的安阳、濮阳、焦作附近地区 山西北纬 38°以南的东部地区以及北纬 37°附近的中部地区
Ⅱ(2)温度条件相对优越亚区	Ⅱ(2)a 北部小区	山东省除东部沿海以及临沂和兖州、济南附近地区以外的其他地区; 陕西省北纬 39°以南的西部地区(除西南部的运城地区外)等。 河北省的乐亭、保定、邢台地区;
	Ⅱ(2)b 南部小区	山西西南部的运城附近地区 河南省中部地区的洛阳、郑州、商丘、开封、西华等地 安徽省全省、江苏省全省
Ⅱ(3)辐射量相对丰富亚区	Ⅱ(3)a 加温小区	辽宁北部及辽东地区(大连市附近地区除外) 河北东北部、北部环北京市的部分山区 山西北部地区(大同、右玉、原平等)
	Ⅱ(3)b 节能小区	河北中部的沧州,石家庄附近地区;辽南的大连附近地区 山东西部的济南附近地区,山东东部的荣成、青岛、日照等地; 河南南部(卢氏、栾川、南阳、驻马店、固始、信阳等地区)

附录 8　中国温室气候区域图

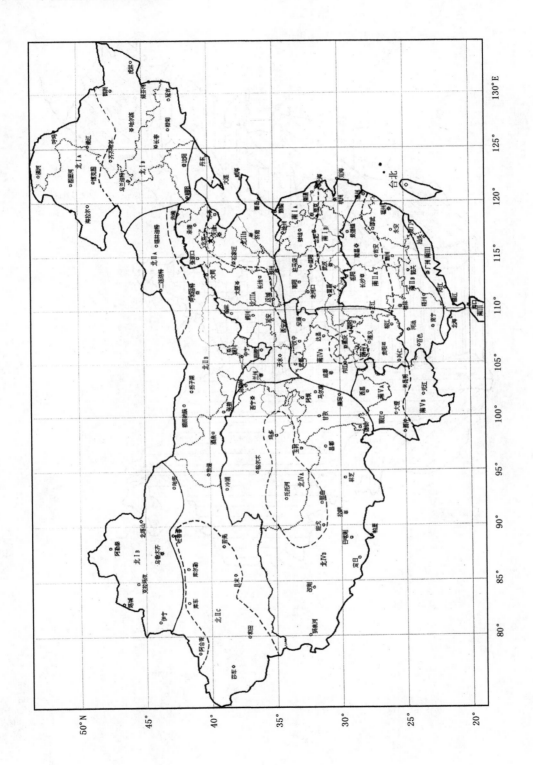

附录 9　我国东部淮河以北地区节能型日光温室蔬菜生产气候风险区划示意图

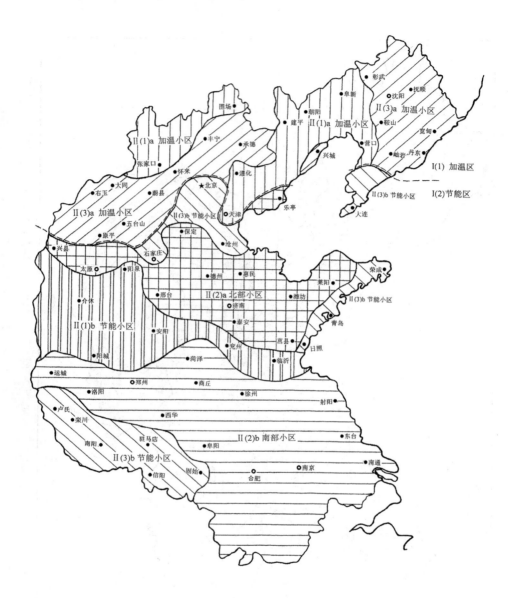